农田水利工程技术培训教材

水利部农村水利司
中国灌溉排水发展中心　组编

水稻节水灌溉技术

主　编　彭世彰
副主编　杜秀文　俞双恩

黄河水利出版社

·郑州·

内 容 提 要

　　本书系农田水利工程技术培训教材的分册。全书共分九章，主要内容包括绪论、水稻需水特性与需水规律、水稻节水高产机理、水稻浅湿晒灌溉、水稻控制灌溉、水稻薄露灌溉、水稻浅湿调控灌溉、其他水稻节水灌溉技术和水稻节水灌溉技术示范与推广等。

　　本书总结了我国目前较为成熟的水稻节水灌溉技术成果，给出了一些经实践检验取得显著效益的技术推广模式，内容丰富，实用性和可操作性强，主要供培训基层水利人员及从事节水灌溉规划、设计和管理工作者使用，亦可供相关专业院校师生及科研人员在教学、科研、生产等工作中参考使用。

图书在版编目（CIP）数据

　　水稻节水灌溉技术/彭世彰主编. —郑州：黄河水利出版社，2012. 5

　　农田水利工程技术培训教材

　　ISBN 978 – 7 – 5509 – 0239 – 8

　　Ⅰ. ①水… 　Ⅱ. ①彭… 　Ⅲ. ①水稻 – 节约用水 – 农田灌溉 – 技术培训 – 教材 　Ⅳ. ①S511.071

　　中国版本图书馆 CIP 数据核字（2012）第 075224 号

出 版 社:黄河水利出版社　　　　　　　　　网址:www.yrcp.com
　　　　地址:河南省郑州市顺河路黄委会综合楼14层　　邮政编码:450003
发行单位:黄河水利出版社
　　　　发行部电话:0371 – 66026940、66020550、66028024、66022620(传真)
　　　　E-mail:hhslcbs@ 126.com
承印单位:河南省瑞光印务股份有限公司
开本:787 mm ×1 092 mm　1/16
印张:10
字数:231 千字　　　　　　　　　　　　印数:1—5 000
版次:2012 年 5 月第 1 版　　　　　　　　印次:2012 年 5 月第 1 次印刷

定价:28.00 元

加强农田水利技术培训
增强服务"三农"工作本领

——农田水利工程技术培训教材总序

我国人口多，解决 13 亿人的吃饭问题，始终是治国安邦的头等大事。受气候条件影响，我国农业生产以灌溉为主，但我国人多地少，水资源短缺，降水时空分布不均，水土资源不相匹配，约二分之一以上的耕地处于水资源紧缺的干旱、半干旱地区，约三分之一的耕地位于洪水威胁的大江大河中下游地区，极易受到干旱和洪涝灾害的威胁。加强农田水利建设，提高农田灌排能力和防灾减灾能力，是保障国家粮食安全的基本条件和重要基础。新中国成立以来，党和国家始终把农田水利摆在突出位置来抓，经过几十年的大规模建设，初步形成了蓄、引、提、灌、排等综合设施组成的农田水利工程体系，到 2010 年全国农田有效灌溉面积 9.05 亿亩，其中，节水灌溉工程面积达到 4.09 亿亩。我国能够以占世界 6% 的可更新水资源和 9% 的耕地，养活占世界 22% 的人口，农田水利做出了不可替代的巨大贡献。

随着工业化城镇化快速发展，我国人增、地减、水缺的矛盾日益突出，农业受制于水的状况将长期存在，特别是农田水利建设滞后，成为影响农业稳定发展和国家粮食安全的最大硬伤。全国还有一半以上的耕地是缺少基本灌排条件的"望天田"，40% 的大中型灌区、50% 的小型农田水利工程设施不配套、老化失修，大型灌排泵站设备完好率不足 60%，农田灌溉"最后一公里"问题突出。农业用水方式粗放，约三分之二的灌溉面积仍然沿用传统的大水漫灌方法，灌溉水利用率不高，缺水与浪费水并存。加之全球气候变化影响加剧，水旱灾害频发，国际粮食供求矛盾突显，保障国家粮食安全和主要农产品供求平衡的压力越来越大，加快扭转农业主要"靠天吃饭"局面任务越来越艰巨。

党中央、国务院高度重视水利工作，党的十七届三中、五中全会以及连续八个中央一号文件，对农田水利建设作出重要部署，提出明确要求。党的十七届三中全会明确指出，以农田水利为重点的农业基础设施是现代农业的重要物质条件。党的十七届五中全会强调，农村基础设施建设要以水利为重点。2011 年中央一号文件和中央水利工作会议，从党和国家事业发展全局出发，对加快水利改革发展作出全面部署，特别强调水利是现代农业建设不可或缺的首要条件，特别要求把农田水利作为农村基础设施建设的重点任务，特别制定从土地出让收益中提取 10% 用于农田水利建设的政策措施，农田水利发展迎来重大历史机遇。

随着中央政策的贯彻落实、资金投入的逐年加大，大规模农田水利建设对农村水利工作者特别是基层水利人员的业务素质和专业能力提出了新的更高要求，加强工程规划设计、建设管理等方面的技术培训显得尤为重要。为此，水利部农村水利司和中国灌溉排水发展中心组织相关高等院校、科研机构、勘测设计、工程管理和生产施工等单位的百余位专家学者，在1998年出版的《节水灌溉技术培训教材》的基础上，总结十多年来农田水利建设和管理的经验，补充节水灌溉工程技术的新成果、新理论、新工艺、新设备，编写了农田水利工程技术培训教材，包括《节水灌溉规划》、《渠道衬砌与防渗工程技术》、《喷灌工程技术》、《微灌工程技术》、《低压管道输水灌溉工程技术》、《雨水集蓄利用工程技术》、《小型农田水利工程设计图集》、《旱作物地面灌溉节水技术》、《水稻节水灌溉技术》和《灌区水量调配与量测技术》共10个分册。

这套系列教材突出了系统性、实用性、规范性，从内容与形式上都进行了较大调整、充实与完善，适应我国今后节水灌溉事业迅速发展形势，可满足农田水利工程技术培训的基本需要，也可供从事农田水利工程规划设计、施工和管理工作的相关人员参考。相信这套教材的出版，对加强基层水利人员培训，提高基层水利队伍专业水平，推进农田水利事业健康发展，必将发挥重要的作用。

是为序。

2011 年 8 月

《水稻节水灌溉技术》
编写人员

主　　编：　彭世彰（河海大学）

副 主 编：　杜秀文（中国灌溉排水发展中心）

　　　　　　俞双恩（河海大学）

编写人员：（按姓氏笔画排序）

　　　　　　孙仕军（沈阳农业大学）

　　　　　　许亚群（江西省灌溉试验站）

　　　　　　李新建（广西壮族自治区桂林灌溉试验站）

　　　　　　奕永庆（浙江省余姚市水利局）

　　　　　　崔远来（武汉大学）

　　　　　　韩　栋（中国灌溉排水发展中心）

主　　审：　赵竞成（中国灌溉排水发展中心）

副 主 审：　吕纯波（黑龙江省水利厅）

前　言

　　民以食为天，是古今通则。历史表明，有粮则稳，无粮则乱。随着人口的增加，我国粮食消费呈刚性增长；城镇化、工业化的加快，水土资源、气候等制约因素使粮食持续增产难度加大；全球粮食消费增加，国际市场粮源偏紧，利用国际市场调剂余缺的空间越来越小。为此，如何提高粮食综合生产能力，进而为立足国内实现粮食基本自给的目标，这是国内外普遍关注的严峻问题。未来 10 年间，需要新增 500 亿 kg 粮食的生产能力，基本上要依靠科技进步来实现，努力提高现有耕地的粮食单产和减少干旱等自然灾害损失，灌溉新技术的研究与应用，具有重要的现实意义。

　　水稻是我国主要粮食作物之一，水稻生产规模的稳定与发展，在粮食生产中占有举足轻重的位置。随着灌溉农业的发展和水资源紧缺问题的日益突出，实行节水灌溉和提高水分生产率，已成为当今灌溉科学的主要问题，也成为水稻生产达到高产、节水、优质、高效目标的重要途径。20 世纪 80 年代以来，我国灌溉科学工作者围绕着水稻节水灌溉做了许多工作，取得了突破性成果，水稻节水高产灌溉新技术的示范推广工作也取得了很大的效益，丰富了节水灌溉理论和实践内容。但是，与生产实际要求差距还很大，需要认真总结经验，面向生产实际，潜心钻研，进一步推广应用水稻节水高产灌溉技术，把节水灌溉工作从理论和实践两个方面推向新的高度。

　　本书总结了我国目前较为成熟的水稻节水灌溉技术成果，以适应水稻节水灌溉发展的需要。我们在努力吸收了现有研究工作中先进、成熟、实用且具可操作性的最新成果的基础上，结合研究和实际推广工作中的体会，编写了本书，给出了一些经实践检验取得显著效益的技术推广模式，以供技术培训及实际应用中借鉴。

　　本书各章自成体系，主要介绍了国内现有的水稻节水灌溉新技术，力求由浅入深、简明扼要，注重理论概念的建立，节水高产机理的分析及技术要点的掌握。在内容上注意了实际工作者对技术的系统了解和应用，也适当兼顾有一定实践经验的水利和农业科技工作者从事深入研究工作的要求，对水稻节水灌溉技术的主要成果作了较为全面和系统的概括，某些成果作了一定的深化。

　　本书各章编写分工如下：第一章由俞双恩、杜秀文编写，第二、三、五章由彭世彰编写，第四章由李新建编写，第六章由奕永庆、龙海游编写，第七章由孙仕军编写，第八章由崔远来编写，第九章由彭世彰、崔远来、俞双恩、杜秀文、李新建、许亚群、奕永庆、孙仕军、龙海游、韩栋编写。本书由彭世彰任主编，由杜秀文、俞双恩任副主编。

　　本书由赵竞成任主审，由吕纯波任副主审。本书的编写出版工作，是在水利部农村水利司、中国灌溉排水发展中心的直接领导和精心组织下完成的，得到了全国许多专家、同行的大力支持，并收录了许多同行的科研资料，在此一并表示诚挚的谢意。

由于编者水平所限，书中不足之处在所难免，恳请广大读者批评指正。

编　者

2011 年 12 月

目　录

第一章 绪 论

第一节 发展水稻节水灌溉的意义

民以食为天，解决 13 亿多人口的吃饭问题，是中国政府的头等大事。水稻是我国最重要的粮食作物，其种植面积达 2 960 万 hm²，虽然播种面积不足粮食作物播种面积的 30%，但产量却占粮食总产量的 36% 以上，因此稳定水稻的种植面积，对保障我国的粮食安全至关重要。

我国是世界栽培水稻的主要起源地，神农教民稼穑，种五谷，稻为其首，稻作历史悠久。1973 年，浙江余姚发现了举世闻名的河姆渡文化遗址，在遗址中发现了 100 t 左右的稻谷堆积层，经中外农史专家研究，被断定是人工栽培的水稻，距今已有 7 000 年的历史，首次以实物有力地证明了中国是世界上最早栽培水稻的国家之一。稻米因具有丰富的营养价值，味美适口，深受人们喜爱而成为主食，南人食米、北人食麦已成过去，现在北人食米的数量不断增长，对稻米的需求日益增加。水稻种植具有广泛的适应性，不断地由南向北，由平原向高原推进，从海南岛到黑龙江，从东部沿海至云贵高原，凡是有水源的地方，均有水稻种植。在漫长的水稻栽培演变过程中，经过人工和自然的双重选择，栽培稻种在我国由籼型分化出粳型，形成籼、粳两大亚种，并进而从晚熟类型中分化形成早、中熟类型。为适应各地不同生态条件、耕作制度和熟期生产的需要，培育出数以万计的品种和创造总结出极其丰富多样的栽培技术，对人类稻作文化做出了重大贡献。同时，水稻还具有高产稳产性，其谷草比高，经济系数可达 55% 左右，居谷类作物之首。水稻的沼泽植物特性决定其能在田间淹水条件下生长，特别是在多雨易涝易渍地区，水稻是抗逆境作物。《中国统计年鉴（2010）》表明，全国水稻的平均单产比小麦高 39% 左右，比玉米高 25% 左右。种植水稻要求土地平整，灌排设施配套，因此在南方地区种植水稻是改造中低产田的有效措施。开发滩涂、改良盐碱地，只要具有淡水资源，种植水稻是脱盐洗碱的捷径。我国水稻种植以秦岭—淮河一线为界，可分为南方稻区和北方稻区，目前南方稻区约占我国水稻种植面积的 94%，其中长江流域水稻面积占全国的 66%，北方稻作面积约占全国的 6%。

我国人均淡水资源量仅为世界人均量的 1/4，排名居世界百位之后，被列为世界人均水资源贫乏的国家之一。工业迅速发展、城市人口剧增、生态环境恶化、用水浪费及水源污染等，使原本贫乏的水"雪上加霜"，水资源短缺已成为制约我国经济和社会可持续发展的瓶颈。农业一直是我国的用水大户，但由于其比较效益低，为了维持社会经济的快速发展，其用水势必受到其他行业的挤占，因此农业用水将面临越来越严峻的危机。目前，我国农业用水量占总用水量的 63.2%，但农业用水效率不高，平均有效利用率只有 50% 左右，远低于发达国家 70% ~ 80% 的水平。人口、耕地、气候、水资源等自然条件，决定了农业必须走节水灌溉农业的发展道路。水稻是喜水喜湿作物，田间耗水量大，水稻生长虽然处在雨热同季的时期，但降雨的时程分布不均，灌溉仍然是保证水稻高产稳产的重要措施。目前，水稻的灌溉用水定额仍然很高，平均近 9 000 m^3/hm^2，水稻的灌溉用水量在全国灌溉用水中占 1/3 以上，其中南方地区水稻的灌溉用水量占总灌溉用水量的 90% 以上。水稻灌溉用水的浪费现象也很普遍，具有较大的节水潜力与增产潜力。水的生产率远没有达到高效用水的要求，水稻的生理需水和生态需水都具有节水潜力。实践证明，水稻实行节水灌溉，既节水又增产。因此，研究水稻的高产节水灌溉技术及节水增产机理，推广水稻综合节水技术，对节约灌溉用水量，进一步稳定和发展水稻种植面积，提高水稻产量，改善稻米品质，推行节水型稻作和节水型农业以及实现"两高一优"农业等方面，均具有十分重要的意义。

第二节　　国内外水稻灌溉技术概述

2006 ~ 2008 年，世界水稻平均种植面积 15 481 万 hm^2，其中亚洲水稻的种植面积最大（占 90%），其次是非洲、美洲，种植面积最多的国家是印度、中国。总产量最多的国家是中国、印度。世界水稻平均单产 4 169 kg/hm^2，单产较高的国家分别是埃及、美国、韩国、日本、中国、越南等。世界水稻种植发展的历史，也是世界水稻灌溉技术发展的历史。长期以来，人们一直认为只有水量充足的地方才能种植水稻，因此对水稻灌溉方面的研究相对于旱作物来说还比较落后，水稻的灌溉技术也比较原始。"灌溉水稻"主要分布在亚洲季风地区，包括印度、日本、韩国、中国、美国、澳大利亚；"雨养低洼地区的水稻"则利用降雨，分布在泰国、孟加拉等国的多雨地区；"洪水水稻"多生长在柬埔寨、缅甸、孟加拉国等的低洼地和入海口的三角洲；"旱稻"生长在巴西、非洲等地。

水稻的科学灌溉仅有 100 多年的历史，主要集中在水稻灌溉用水量、水稻间歇灌溉、种稻改良盐碱土、淹灌稻田的水分利用效率等方面。水稻的需水特性是水稻科学灌溉的基础，其研究始于 19 世纪末期，日本从 1898 年开始进行水稻需水量的研究。20 世纪初，我国的孙辅世经过 8 年试验提出了中熟籼稻和晚稻的需水量大致范围。与此同时，国外也开始了水稻水分状况的研究，苏联的马克西莫夫（1914 ~ 1916 年）对水稻的水分生理进行了系统研究，认为在决定水稻特性的环境因素中，应该把水放在第一位。20 世纪 50 ~ 60 年代，苏联科学院植物生理研究所的耶律琴进行了水稻水分的研究，前后达 15 年之久，他著有《水稻灌溉的生理基础》一书，这是最早详细研究水稻与水分关系的专著。1955 年日本户刈义次和山田登等编著的《作物生理生态》一书，用了大量篇幅论述水稻的水分生理。从 20 世纪 60 年代开始，我国不少科研人员开展了水稻水分生理研究，同时我国各大型灌区开展了水稻需水量、水稻灌溉制度、灌溉技术和灌溉计划用水等试验研究。到了 20 世纪 80 年代初期，我国在水稻需水特性方面的研究已有了比较完整的理论体系。

水稻的传统灌水方法是淹灌，已有几千年历史，至今世界上绝大多数水稻仍然采用淹灌。在日本，是根据水稻生长各个环节对水分的要求和灌溉水有利与不利的诸因素，因地制宜地制定适合当地的稻田灌溉方法，概括起来，有两大体系：一是在日本中部和南部主要实行间歇灌溉法。插秧后到返青灌深水，以利活棵；返青到最高分蘖期灌浅水，促进分蘖；从最高分蘖到拔节期，约有 10 d 时间，落干烤田，透水性强的土壤，烤田期间还过水一次；枝梗分化到抽穗开花期灌浅水；此后，每星期灌水一次，保水 4～5 d，自然落干后 2～3 d 再灌水；停水时间多在黄熟期，一般停水都不太早，否则会影响粒重，较沙性透水快的土壤停水时间还要晚一些。二是日本北部较寒冷地区的蓄水灌溉法，多以防寒保温为主，灌溉视气温而定，在最低气温不到 16 ℃ 而且持续几天的情况下，不论水稻生长在什么时期，都要灌 10～15 cm 深的水，以水防寒。7～8 月，如果最高气温在 26 ℃ 以下，也一定要灌深水，但最后停水的时间比南方早，一般多在抽穗后 20～25 d。此外，热带地方，为了降低水温，多用串流灌溉。温带地区，一般采用浅水灌溉，仅在高温年份进行轻度串流灌溉。

　　由于水资源短缺等原因，我国的水稻灌溉技术研究一直处于世界较为先进的行列。20 世纪 50 年代以前以"淹灌深蓄"为主，60 年代提出了"浅水勤灌，结合晒田"的灌溉方法，70 年代实行"浅、晒、湿"灌溉，特别是 20 世纪 80 年代以来，国家对水稻节水灌溉技术的研究与应用极为重视，在高等院校、科研院所和生产单位的努力下，取得了一批重大的科研成果。

第三节　水稻节水灌溉技术的发展

　　水稻节水灌溉是指根据水稻不同生育阶段的需水特性和适宜水分指标，在保证水稻正常生长的前提下，充分利用天然降水和土壤的调蓄能力，进行适量的供水，达到抑制田间水分的无效消耗、提高水分生产率、取得水稻节水高产的目的而采取的灌溉措施。水稻的生长发育主要受水、肥、气、热的影响，在这四大要素中水是主要的，以水调气、以水调温、以水调肥，从而实现对水稻生育进程的有效促控，这是水稻节水灌溉的理论基础。水稻具有湿生性的特性，经过长期的进化，已成为具有广泛适应能力的多型性植物。水稻的植株茎秆在水生条件下能形成发达的通气组织，以保证根系的正常生长；在稻田无水层情况下，土壤通气性好且根系发达，水稻的植株茎秆通气组织仍有作用，水稻也能正常生长发育，这是水稻能淹能旱的生物学基础。

　　栽培稻起源于生长在沼泽地中的野生稻，在漫长的水稻栽培演变过程中，在人工选择和自然选择的双重作用下，水稻的品种发生了千变万化，但其湿生性的特性始终未变，几千年来水稻都是在淹水的田中生长，人们一直认为水稻比其他作物需水量多，而且必须生长在有水层的稻田里。因此，传统的水稻灌排技术，就是"淹灌深蓄"。近 50 年来，从事土壤水分与水稻生育关系研究的科学工作者认为，这是世袭相传下来的错觉。他们的试验表明，在全生育期中，土壤中只要保持 80% 饱和含水量，对水稻的生育没有任何妨害。如果土壤含水量降至饱和含水量的 60% 以下，则会导致减产。因此，得出结论：水稻的需水量，从生理方面来看，即生产干物质 1 g 所必需的水量，并不比其他作物多，应当改变长期淹水，甚至长期深水灌溉的习惯做法。实践和研究都表明，淹水灌溉有以下几个方面的不足：①不可避免地发生大量渗漏和灌溉水田间损失，化肥、农药随水流失形成面源污染；②根层土壤处于还原状态，氧气浓度低，过量的低价铁、锰和硫化氢、甲烷等有害物质大量产生和积累导致水稻根系腐烂、早衰和温室气体排放；③土壤昼夜温差小，不利于水稻干物质积累；④水稻群体质量不高，光合作用效率低，根系活力差，抗倒伏抗病害能力弱，不利于水稻高产稳产；⑤由于田面淹水，降雨时调蓄雨水的能力降低。

　　20世纪60年代初期，我国灌溉专家在总结群众丰产经验的基础上，提出了水稻"浅水勤灌，结合晒田"的灌溉技术，取得了节水增产的双重效果。20世纪70年代，根据对水稻生物学特性的研究，提出了"浅、晒、湿"的灌溉技术，不仅节水、增产，而且对水稻抗早衰、高产稳产有明显作用。这些灌溉实践表明，水稻虽然喜水喜湿，但并不意味着在整个生育期内田面必须建立水层，相反，田面长期淹水不利于水稻高产稳产。这一基本结论为20世纪80年代水稻节水灌溉技术的深入研究奠定了基础。

　　进入20世纪80年代，水资源的紧缺已成为制约国民经济发展的一个重要因素，发展节水型农业势在必行，节水灌溉也是水稻高产栽培的必然选择。我国农业水利科技工作者在总结已有水稻丰产灌溉技术的基础上，进行了大量的水稻灌溉试验，对水稻的水分生理、需水特性、需水规律以及自身对水分的适应性和调节作用有了新的认识，提出了以浅湿调控为主，结合其他农技措施的水稻节水灌溉新技术，即以浅湿、湿润来实现生态节水，以土壤水分指标和肥料运筹来调节和控制水稻的群体质量，形成高产群体，实现生理节水，使节水和增产的幅度有更大地提高。各地根据自身的自然气候、水源条件和土壤特性因地制宜地形成了各具特色的水稻节水灌溉技术，具有代表性的有水稻浅湿晒灌溉、水稻控制灌溉、水稻薄露灌溉、水稻浅湿调控灌溉以及水稻蓄雨型节水灌溉、水稻非充分灌溉等水稻其他节水灌溉技术。

一、水稻浅湿晒灌溉

　　水稻浅湿晒灌溉是广西19个灌溉试验站经过30多年的灌溉试验及大面积推广应用而总结出来的节水高产水稻灌溉技术，其技术要点是：插秧至返青浅水灌溉，插秧时要求水层10~20 mm（抛秧要求水层5~10 mm），返青期田间水层保持在40 mm以内，低于5 mm应及时灌水；分蘖前期湿润管理，做到3~5 d灌一次水，水层10 mm以下，经常保持田间土壤水分饱和状态；分蘖后期进行晒田，看苗、看田、看天而定，高坑田、沙质土田轻晒，晒田5~7 d；禾苗长势好、肥田、冷浸田、低洼天、黏性土壤要重晒，晒田5~10 d；拔节孕穗期及时回水灌溉，田间应保持10~20 mm的浅水层，在地下水位比较高的田块，也可以采用湿润灌溉方法；抽穗开花期保持浅水灌溉，水层深度保持在5~15 mm；乳熟期湿润灌溉，一般3~5 d灌一次10 mm的水层；黄熟期湿润落干，遇雨及时排除田面积水。

二、水稻控制灌溉

　　水稻控制灌溉是河海大学和山东省济宁市水利局在20世纪80年代初经过近10年的试验研究取得的科研成果，1991年被国家科委、农业部、水利部列入"农业节水大面积推广项目"。经过 20 多年的推广应用，全国有上千万亩❶的水稻长期采用该项灌溉技术。该技术的要点是：稻苗（秧苗）本田移栽后，田面保持 5~25 mm 薄水层返青活苗，在返青以后的各个生育阶段，灌水后田面不建立水层，以根层土壤含水量作为控制指标，确定灌水时间和灌水定额。土壤水分控制上限为饱和含水量，下限则视水稻不同生育阶段，分别取土壤饱和含水量的 60%~80%。为了充分利用雨水，除黄熟期外，雨后可以调蓄 30~50 mm 的水层深度。这是根据水稻在不同生育阶段对水分需求的敏感程度和节水灌溉条件下水稻新的需水规律，在发挥水稻自身调节机能和适应能力的基础上，适时适量科学供水的灌水新技术。对水稻生长发育有着明显的促控作用，具有节水、高产、优质、低耗、保肥、改土、抗倒伏和抗病虫害等优点。

三、水稻薄露灌溉

水稻薄露灌溉是浙江省水利厅 20 世纪 80 年代中期组织嵊州南山水库灌溉试验站，经过近 10 年的对比优化试验和长期的推广应用总结出来的水稻节水高产灌溉技术。该技术的要点是：灌溉水层尽量薄，一般在 20 mm 以下，"水盖田"即可，田面经常露出来，不长期淹水，实现"灌薄水"和"常露田"互相交替。遇连续降雨，稻田淹水超过 5 d 时，要排水落干露田。薄露灌溉改变了水稻的生态环境条件，促进水稻生长发育，有利于水稻高产、稳产，能够减少稻田渗漏量，提高降雨利用率，显著减少灌溉用水量。

四、水稻浅湿调控灌溉

水稻浅湿调控灌溉是辽宁省灌溉科学技术队伍在 20 世纪 80 年代经过 10 年的灌溉试验研究提出的浅湿结合、适时晒田、间歇灌溉的一套灌溉制度和灌溉技术，是近 30 年来辽宁省行之有效的水稻高产、高效灌溉模式。该技术将浅灌与湿润结合，适时晒田，在水稻返青成活后，灌 30~50 mm 浅水层自然消耗，土壤呈一定湿润状态，再灌下一次水，后水不见前水。返青期浅水勤灌，灌水上限 30~50 mm，返青期不脱水；分蘖前期实行浅、湿、干（或浅、湿）交替间歇灌溉，每次灌水 30~50 mm，待自然落干、田面呈湿润状态再行灌水，即前水不见后水；分蘖末期落干晒田，当有效分蘖达到计划数的 80%~90% 时，开始落干晒田，阴雨天、地肥、苗势旺的应重晒，一般晒 7~10 d，使耕层土壤水分降至田间持水量的 70%~80%；反之，则轻晒，一般晒田 5~7 d，使耕层土壤水分降至田间持水量的 80%~90%；孕穗至抽穗开花期建立浅水层，即每次灌 30~50 mm 水层，自然落干，再灌水；生育后期浅、湿、干交替间歇灌水，保持田间干干湿湿，耕层土壤水分控制到田间持水量的 80% 左右，直到黄熟停水。

五、水稻其他节水灌溉技术

（一）水稻蓄雨型节水灌溉

水稻生长期基本与汛期重叠，为了充分利用降雨，在节水灌溉模式下应尽可能地多

---

❶ 1 亩 = 1/15 hm²。

蓄雨水，以提高降雨利用率。水稻蓄雨型节水灌溉就是综合水稻耐淹特征，考虑雨后蓄水深度、蓄水历时等耐淹指标，在降低传统灌溉方式的灌水下限的基础上，通过加大蓄水深度以截留更多雨水资源，实现水资源的高效利用。经过湖北、福建等地多年的研究，在水稻生长期适当调蓄雨水，将稻田当做一个临时水库，不仅可以减少灌水量，还可以起到抗洪、抗旱、保持水土、净化水质、减少面源污染的作用。

（二）水稻非充分灌溉

水稻非充分灌溉是指水稻在一定时期内处于水分胁迫状态的灌溉。水分胁迫指标以根层土壤含水量来表示，以根层土壤含水量下限达到饱和含水量的 70% 作为受轻旱标准，以根层土壤含水量下限达到饱和含水量的 40% 作为受重旱标准。在水资源不足而又必须采取非充分灌溉时，应注意以下几点：

（1）宜在非敏感期稻田短期受轻旱甚至中旱，避免重旱；

（2）避免在敏感期受旱，特别是在此阶段受重旱；

（3）避免两个阶段连续受旱，在水量分配上，宁可一个阶段受中旱，也不使两个阶段受轻旱，宁可一个阶段受重旱，也不使两个阶段受中旱，更要避免三个阶段连旱。

上述具有代表性的水稻节水灌溉的技术指标都是在特定的地区通过试验得出的，在推广应用时，应根据当地的自然条件、水稻品种和土壤条件因地制宜地确定各生育阶段的适宜水分指标，以达到节水、高产的目的。例如，江西省在推广水稻间歇灌溉时，针对早稻前期坐蔸迟发、后期高温逼熟，晚稻前期栽后败苗、后期"寒露风"危害等影响水稻高产的实际，重点研究双季稻生育前期、后期不同灌水方法对水稻生育的影响，探求解决防止水稻坐蔸、败苗、早衰的相应灌水方法。提出了前干后水的灌溉方法，即禾苗移栽 3 d 后排水晒田，晒至田面出现裂缝，手按不显印，人走不陷脚为止，一般晴天晒 4~6 d（早稻 6 d，晚稻 4 d）。

第二章　水稻需水特性与需水规律

水稻是喜水作物，与水的关系十分密切，水是水稻生长的基本条件之一。在农业生产中，土壤的主要环境条件为水、肥、气、热诸因素，水是最活跃的一个因子。人们可以通过合理的灌溉与排水技术措施，调节和控制土壤中的水分状况，以水调肥，以水调气，以水调温，从而促进水稻的正常生长发育，获得高产。了解水稻的需水特性，可以更好地制定灌溉制度，进行合理灌溉，充分发挥水对水稻生长的有利作用。

第一节　作物水分生理

一、作物体内水分的生理作用

作物体内含有大量的水分，其含水量占鲜重的 80% 左右。含水量的分布大致遵循如下规律：生长旺盛的器官和组织高于老龄的器官和组织，上部高于下部，分生和输导组织高于表皮及其他组织。

水分在作物生理中的作用是很大的，水分含量的变化密切影响着作物的生命活动。

（1）水分是原生质的主要成分。原生质是细胞的主要组成部分，很多生理过程都在原生质中进行，是生命现象的主要体现者。正常情况下，原生质的含水量为 90% 左右，这样有利于进行各种生理活动。若含水量减少，生命活动就大大减弱，甚者可导致原生质破坏而死亡。

（2）水分是作物对物质吸收和运输的溶剂。作物不能直接吸收固态的无机物质和有机物质，这些物质只有溶解在水中才能被植物吸收。

（3）水分是作物代谢过程的反应物质。在光合作用、呼吸作用、有机物质的合成和分解过程中，都有水分子参与。

（4）水分能保持作物体的紧张度。作物体内水分充足时，细胞得以膨胀而使各种器官保持应有的紧张度。这样，可使叶片展开和气孔开放，便于光合作用，使根尖具有刚性，便于伸入土壤扩大吸收范围等。

二、作物对水的吸收运输和散失

（一）作物根系对水分的吸收

作物的叶片虽能吸水，但数量有限，在水分供应上没有重要意义。作物获得的水分，大都通过根系从土壤中吸取。根系也不是全部都能吸水，主要是在根尖部分进行，其中以根毛区的吸水能力最大，根冠、分生区和伸长区的吸水能力较小。

1. 根系吸水的动力

根系吸水有两种动力，根压和蒸腾拉力，后者较为重要。

1）根压

由于根系的生理活动使液流从根部上升的压力，称为根压。根压把根部的水分压到地上部，土壤中的水分便不断补充到根部，这就形成根系吸水过程，这是由根部形成力量引起的主动吸水。

2）蒸腾拉力

叶片蒸腾时，气孔下腔附近的叶肉细胞因蒸腾失水而水势下降，便从相邻水势高的细胞吸取水分，相邻细胞又从另一个细胞取得水分，如此下去，便从导管要水，最后根部就从土壤吸收水分。这种吸水完全是由蒸腾失水而产生的蒸腾拉力所引起的，是由枝叶形成的力量传到根部而引起的被动吸水。

2. 根系吸水速率及其影响因素

1）根系吸水速率

作物根系的吸水速率，主要取决于根系本身的生长状况和土壤状况。根系单位时间的吸水量（$Q_{根吸}$）与单位体积土壤中的活性根表面积（A）及土壤和根系的水势差成正比，与水从土壤向作物输导时的阻力（R）成反比，即

$$Q_{根吸} = A \frac{\psi_{土} - \psi_{根}}{R} \tag{2-1}$$

式中　$\psi_{土}$——土壤的水势；

　　　$\psi_{根}$——根系的水势。

通常，作物根系愈发达，特别是幼嫩的根系愈多时，其活性根表面积愈大。在根细胞液和土壤溶液之间一般具有一定的水势差，足够根系从湿润土壤中吸取大部分毛管水。当根周围的可利用水耗尽后，作物能通过根的生长扩大根系的活性吸收表面来追逐土壤中的水分以继续吸水。

2）影响根系吸水的外界因素

影响根系吸水的外界因素主要是土壤因素，包括土水势、土壤通气状况和土壤温度等。

（1）土水势。当土壤含水量减少时，土壤的基质势下降，使土水势与根水势之差变小，根系吸水减慢。当土壤含水量减少到凋萎系数时，土水势和根水势相近或相等（约为 -1.5 MPa）时，根系吸水很困难，不能维持叶片细胞的紧张度，就会出现永久凋萎。

一般土壤的溶液浓度低，其溶质势对土水势的影响不大；而盐碱土则因含有过多的可溶性盐分，可使土水势大大降低，甚至达到 -10 MPa 左右，使作物吸水困难而死亡。对土壤施用化肥过多时，也会造成同样后果。

（2）土壤通气状况。根系吸水需要氧气供应。试验表明：用 CO_2 处理根部，水稻、小麦和玉米幼苗的吸水量降低 14% ~ 50%，如果通氧气则吸水增加。土壤缺氧和二氧化碳浓度过高，可使细胞呼吸减弱，影响根压，从而阻碍吸水。

（3）土壤温度。在一定的温度范围内，土温和水温增高，可以促进根系吸水，温度降低时，根系吸水减少。低温降低根系吸水的原因是：水的黏滞性增大，扩散速率降低；原生质黏性增大，水分不易透过原生质；呼吸作用减弱，影响根压；根系生长缓

慢，有碍吸水表面的增加。

　　土壤温度过高时对作物吸水也不利。因高温会加速根的老化过程，使老化部位几乎达到根尖，减少了吸水面积，吸水速度也就明显下降。

　　（二）　作物水分的散失——蒸腾

　　作物吸收的水分，只有一小部分是用于代谢的，绝大部分散失到体外去，在作物吸收的总量中，能利用的只占 1% 左右，余下的部分全部丢失到体外。

　　水分从作物体中散失到外界去的方式有两种：①以液体状态跑出体外，即吐水现象；②以气体状态跑出体外，即蒸腾作用。后者是主要方式。

　　蒸腾是指水分以气体状态通过作物体的表面（主要是叶片）从体内散失到体外的现象。蒸腾是物理过程和生理过程综合作用的结果。

　　1. 蒸腾作用的生理意义

　　首先，蒸腾是作物吸收和输导水分的主要动力，特别是高大的作物，如果没有蒸腾作用产生蒸腾拉力，植株的较高部分就难以获得水分。其次，蒸腾能促进作物体对矿物质元素的吸收和输导，使之迅速地分布到各部位去。再次，因为蒸腾 1 g 水（20 ℃时）需要消耗 2 449 J 的热能，所以蒸腾作用能降低植株温度，避免作物体受高温灼伤。

　　2. 作物的蒸腾部位和气孔运动

　　1）作物的蒸腾部位

　　当作物幼小时，暴露在地面上的全部表面都能蒸腾，长大以后，蒸腾的绝大部分是在叶片上进行的，叶片的蒸腾有两种方式：①通过角质层的蒸腾称为角质蒸腾；②通过气孔的蒸腾称为气孔蒸腾。一般幼嫩叶片的角质蒸腾可占总蒸腾量的 1/2 左右，而一般作物的成熟叶片的角质蒸腾少，仅占总蒸腾量的 5% ~ 10%，所以气孔蒸腾是作物的主要途径。

　　2）气孔运动

　　气孔是蒸腾过程中水蒸气从体内排到体外的主要出口，也是光合作用吸收空气中 CO_2 的主要入口，它是作物体与外界气体交换的"大门"，影响着蒸腾、光合、呼吸等。

　　叶片上有许多气孔，其数目和分布情况随作物种类有很大差别。一般每平方毫米叶面上有 50 ~ 500 个气孔，草本作物叶的上下表皮都有气孔，而木本作物只是下表皮才有。当气孔完全开放时，其总面积只占叶子总面积的 1% 左右，但其蒸腾量却可达与叶面积相同的自由水面蒸发量的 50%。

　　影响气孔运动的因素很多，主要影响因子是光、温度、湿度和水分供应。在供水良好，温度适宜时，多数作物的气孔是在阳光下张开，在黑暗中关闭的。气孔开度一般随温度升高而增大，在 30 ℃左右达最大，35 ℃以上反使气孔开度变小。低温下（如 10 ℃以下）虽长期光照，气孔也不能很好张开。空气湿度大也会减少气孔的开度。

　　作物的气孔开闭尽可能适当，以保证光合作用和蒸腾作用正常进行。

　　（三）　影响蒸腾作用的因素

　　蒸腾作用是复杂的生理过程，它既受作物本身的形态结构和生理状况的制约，又受外部环境条件的影响。

1. 内部因素的影响

作物叶片气孔阻力是影响蒸腾作用的主要内部因素。减小内部阻力，就会促进作物蒸腾。其他因素如作物根系生长的情况（根系发达、蒸腾强）、叶肉细胞间隙的大小（间隙大、蒸腾强）、叶色深浅（色深易吸热、蒸腾强）、气孔频度及开张度（气孔频度大、开张度大、蒸腾强）、叶面角质层厚薄（角质层薄、蒸腾强）等。

2. 外部环境条件的影响

外部环境对蒸腾的影响主要表现在以下几个方面：

（1）大气湿度。大气湿度愈小，蒸腾量愈大。

（2）温度。温度升高，蒸腾增强。

（3）光照。光照时间长，蒸腾量增大。

（4）风。微风可带走聚集在叶面上的水汽，有加强蒸腾的作用，但强风会降低蒸腾。

（5）土壤条件。作物地上部分蒸腾与根系吸水有密切关系，凡影响根系吸水的各种土壤条件，如土壤含水量、土壤温度、土壤通气状况、土壤溶液浓度和施肥量等均可影响蒸腾。

三、作物水分的输导和平衡

（一）作物水分的输导

作物中根系吸收的水分，绝大部分要输导至叶部并通过气孔蒸腾出去，因此要经过长距离的输导。作物体内的水分输导途径是：土壤→根毛→根的皮层和内皮层→根的中柱鞘→根导管→茎导管→叶柄导管→叶脉导管→叶肉细胞→叶肉细胞间隙→气孔腔→气孔→大气。

在土壤—作物—大气连续体中，各部位水势的大小顺序是：$\psi_土 > \psi_根 > \psi_茎 > \psi_叶 > \psi_{大气}$。土水势上限一般为 $0 \sim 0.2$ MPa，低至 -1.5 MPa，根系吸水就困难。根水势一般最高为 -0.2 MPa，最低可降至 -1.5 MPa。一般农作物的茎水势约为 $-0.2 \sim -0.4$ MPa。正常生长情况下的叶水势一般在 -0.6 MPa 左右。大气的水势特别低，当空气相对湿度为50%左右时，其水势约为 -100 MPa。有这样大的水势梯度，就可以使作物体内水分通过叶气孔接连不断地向大气蒸散。叶片失水后，叶水势降低，吸水力增大，作物体内的液态水流就受到一种向上拉的蒸腾拉力，使茎中水分向上输导，同时茎水势降低，便从根部吸水，将这种拉力传至根部，促使根系进一步从土壤中吸水。水分子的巨大内聚力（一般为 $20 \sim 30$ MPa 以上）可使上升水柱不被拉断和脱离管壁，从而保持水柱的连续性，这对保证蒸腾拉力使水分上升有很重要的作用。

（二）作物水分的平衡

作物水分的主要代谢过程，就是吸收、输导和散失。只有根系吸水和蒸腾失水经常协调，并保持适当的水分平衡，作物才能生长发育良好。作物在长期的进化过程和人工培育中，形成了一定的调节水分吸收和消耗而维持其水分适当平衡的能力，但这种能力是有限的，因而作物的水分平衡只是相对的。在各种外界因素的影响下，作物往往在短时间或长时间处于水分不平衡的态势。例如，当土壤水分亏缺或大气干旱蒸腾大于吸水，作物体内水分不足，就会影响其正常的生长发育甚至死亡。在低洼易涝和过多降雨或灌水等条件下，农田水分过多，根系吸水功能受阻，体内水分平衡被破坏，作物生长困难，甚至渍涝而死。

第二节　水稻田间耗水量

水稻田间耗水量是由蒸发蒸腾量和田间渗漏量两大部分组成的，其中蒸发蒸腾量又叫水稻需水量。

一、水稻需水量

水稻需水量是指水稻蒸腾量和棵间蒸发量之和（也称蒸发蒸腾量，简称腾发量）。其量的变化反映了水稻的生物学特性。由于我国稻作面积辽阔，因气候地理等环境条件以及农业栽培技术的不同，形成了水稻腾发量的极大地区差异。这种差异不仅表现在同一品种水稻的地区变化，就是在同一地区不同稻别（早稻、晚稻）的需水量也有很大不同。

（一）南方双季早稻需水量

我国南方地区，双季早稻的稻作期大多为 4～7 月，本田生长期一般为 80～95 d，华南地区长于华中地区，平均需水量为 340～390 mm，由南向北呈递减的趋势。

（二）南方双季晚稻需水量

我国南方各地双季晚稻的稻作期为 7～11 月，本田生长期为 85～110 d，平均需水量为 320～600 mm。晚稻期间由于降雨、气温、湿度等气象因素变动较大，生长期变化也较大，需水量一般大于早稻，且变化幅度也大。根据各地多年实测资料统计分析，双季晚稻本田生长期和需水量，华南地区均大于华中地区，并由南向北呈递减的趋势。

（三）南方单季中稻需水量

南方单季中稻主要分布于华中地区，稻作期多在 5～9 月，本田生长期较长，为 90～110 d，平均需水量为 330～690 mm，其变化幅度比双季早、晚稻都大，主要表现在地区差异上。

（四）南方单季晚稻需水量

南方单季晚稻主要分布在江苏等地，本田生长期为 115～128 d，比该地区中稻生长期长 15～20 d，平均需水量为 540～770 mm，比双季早、晚稻和单季中稻都大。

（五）北方水稻需水量

我国北方水稻面积分布较为广阔，从华北平原到东北三省、内蒙古、宁夏、新疆等地均有种植。华北平原南部多为麦茬稻，其他地区如东北、宁夏、内蒙古等地，则为一季稻单作。

北方水稻需水量，由于地区气候条件的差异，空间变化比较大。东北、华北地区水稻需水量为 312.7～700 mm。宁夏引黄灌区水稻生长期，空气干燥，需水量竟达 1 000～1 200 mm，是北方地区水稻需水量最高地区之一。

（六）秧田期需水量

秧田期需水量是水稻需水量的一个组成部分，计算水稻需水量时应包括秧田期的需水量。

秧田期需水量同本田期需水量一样，受多种因素影响。品种不同、秧期长短不一，需水量也不同。育秧方式不同，需水量也不同。水播水育最大，湿润育次之，旱播旱育最小。一般来讲，早稻秧苗的需水量变化为 36 ~ 107 mm，中稻秧苗的需水量为 85 ~ 180 mm，晚稻秧苗的需水量的变化范围是 83 ~ 210 mm。不同地区、品种、稻别和育秧方式，秧田期需水量也是不同的。

（七）控制灌溉的水稻需水量

根据河海大学等历年蒸渗仪内灌溉试验资料分析（见表 2-1、表 2-2），水稻全生育期及其各生育阶段田间耗水量，除随着降雨、日照、温度等气象因素变化外，也会因采用不同的灌溉技术，改变水稻生长期的水分条件和供水过程而发生很大变化。控制灌溉与淹水灌溉处理对比，控制灌溉水稻多年平均田间耗水量减少 393.9 mm（减少 40.0%），其中蒸腾量减少 115.6 mm（降低 35.0%），棵间蒸发量减少 27.9 mm（降低 22.2%），田间渗漏量减少 263.7 mm（降低 48.6%）。多年试验证明，控制灌溉技术通过控制土壤含水量的大小，既减少了叶面蒸腾，又降低了棵间蒸发，田间渗漏量下降幅度更大。

表 2-1　控制灌溉水稻各生育期的耗水量　　　　　　　　（单位：mm）

项目	年份	生育期						全生育期	
		返青	分蘖	拔节孕穗	抽穗开花	乳熟	黄熟	mm	m³/亩
叶面蒸腾量	1982 ~ 1985	18.6	63.8	66.4	50.0	33.0	12.8	244.6	163.1
	1987	35.2	30.3	41.9	21.7	14.8	40.9	184.8	123.2
	1988	23.1	43.4	55.0	19.6	25.2	26.6	192.9	128.6
	1989	33.9	36.3	41.4	13.5	12.4	10.7	148.2	98.8
	平均	23.8	52.2	57.7	36.4	26.3	18.5	214.9	143.3
棵间蒸发量	1982 ~ 1985	30.8	32.2	17.2	6.6	5.0	2.9	94.7	63.1
	1987	44.0	25.5	22.3	8.2	8.7	15.7	124.4	82.9
	1988	37.3	21.9	18.4	7.4	9.5	10.2	104.7	69.8
	1989	21.6	15.6	19.3	6.3	7.3	6.6	76.7	51.1
	平均	32.3	27.4	18.4	6.9	6.5	6.3	97.8	65.2
田间渗漏量	1982 ~ 1985	61.1	58.4	54.6	32.5	27.0	3.7	237.3	158.2
	1987	157.4	92.3	132.6	54.4	57.5	26.1	520.3	346.9
	1988	25.7	39.7	24.5	22.0	23.3	3.7	139.2	92.8
	1989	72.3	133.5	83.8	28.8	14.6	13.5	346.5	231.0
	平均	71.4	71.3	65.6	33.6	29.1	8.3	279.3	186.2

续表 2-1 （单位：mm）

项目	年份	生育期						全生育期	
		返青	分蘖	拔节孕穗	抽穗开花	乳熟	黄熟	mm	m³/亩
水稻田间耗水量	1982～1985	110.5	154.4	138.2	89.1	65.0	19.4	576.6	384.6
	1987	236.6	148.1	196.8	84.3	81.0	82.6	829.4	55.32
	1988	86.1	105.0	97.9	49.0	58.3	40.5	436.8	291.2
	1989	127.8	185.4	143.3	48.6	34.7	30.6	570.6	380.4
	平均	127.5	150.9	141.6	76.9	62.0	33.0	591.9	394.6

表 2-2 淹水灌溉水稻各生育期的耗水量 （单位：mm）

项目	年份	生育期						全生育期	
		返青	分蘖	拔节孕穗	抽穗开花	乳熟	黄熟	mm	m³/亩
蒸发蒸腾量	1982	70.0	127.7	136.3	98.0	66.0	34.0	532.0	354.7
	1983	55.6	124.6	137.3	114.7	47.3	50.0	529.2	352.8
	1984	43.3	134.6	113.3	63.8	34.4	4.8	394.2	262.8
	1989	60.0	57.6	17.1	41.0	20.0	19.9	316.2	210.8
	平均	57.2	111.1	126.2	79.4	41.9	27.2	442.9	295.3
田间渗漏量	1982	141.0	172.0	125.0	57.0	22.2	4.0	521.0	347.5
	1983	116.4	99.4	40.6	10.3	33.8	57.0	457.5	325.0
	1984	113.2	256.4	217.1	73.7	24.5	4.6	689.5	459.7
	1989	137.0	183.6	117.2	35.6	15.2	15.0	503.6	335.7
	平均	126.9	117.9	125.0	44.1	23.9	20.1	542.9	361.9
水稻田间耗水量	1982	211.0	299.7	261.5	155.0	88.0	38.0	1 053.2	702.0
	1983	172.0	223.7	177.9	225.0	81.1	107.0	986.7	657.8
	1984	156.5	391.0	330.4	137.5	58.9	9.4	1 083.7	722.5
	1989	197.0	241.2	234.9	76.6	35.2	34.9	819.8	546.5
	平均	184.1	288.9	251.1	148.5	65.8	47.3	985.8	657.2

（八）浅湿调控灌溉的水稻需水量

采用浅湿调控灌溉，改变了水稻根层全生育期的土壤水分条件，从而使需水量发生了很大变化。根据沈阳农业大学的研究成果，与浅水淹灌（CK）对比，浅湿灌溉处理（B）和浅湿干灌溉处理（C）的水稻需水量都明显减少（见表 2-3）。在孕穗期，处理 C 腾发量为 134.20 mm，比对照的腾发量 168.27 mm 减少了 20.3%，处理 B 的腾发量为 141.30 mm，比对照减少 16.0%；抽穗期，处理 C 的腾发量为 48.40 mm，比对照的腾发量 63.69 mm 减少了 24.0%，处理 B 的腾发量为 52.10 mm，比对照减少了 18.2%；乳熟期，处理 C 的腾发量为 129.60 mm，比对照的腾发量 150.85 mm 减少了 14.1%，处理 B 的腾发量为 135.20 mm，比对照减少了 10.4%。其他生育期处理 C 和 B 与对照处理相比，腾发量都有不同程度的减少。浅湿灌溉有效地减少了水稻各生育期的叶面蒸腾和棵间蒸发，从而使水稻耗水量明显降低。

表 2-3　浅湿调控灌溉条件下水稻各生育期腾发量的变化（沈阳农业大学，1999）

生育期	起止日期（月-日~月-日）	天数（d）	腾发量（mm）		
			处理 C（浅湿干灌溉）	处理 B（浅湿灌溉）	CK（浅水淹灌）
返青	05-25~05-27	3	11.98	13.86	16.34
分蘖始	05-28~06-10	14	46.54	48.68	53.02
分蘖盛	06-11~06-30	20	88.54	92.35	98.66
分蘖末	07-01~07-11	11	42.89	45.32	50.26
孕穗	07-12~08-11	30	134.20	141.30	168.27
抽穗	08-12~08-21	10	48.40	52.10	63.69
乳熟	08-22~09-20	30	129.60	135.20	150.85
黄熟	09-21~09-30	10	28.60	30.60	48.60
合计		128	530.75	559.41	649.69

（九）薄浅湿晒灌溉的水稻需水量

根据多年试验资料统计（见表 2-4、表 2-5），早稻多年平均腾发量为 379.0 mm，按降雨量大小次序排列进行频率分析，得出不同水文年型的腾发量平均值，丰水年为 305.0 mm，平水年为 359.2 mm，干旱年为 494.1 mm。晚稻多年平均腾发量为 445.2 mm，按降雨量大小次序排列进行频率分析，得出不同水文年型的腾发量平均值，丰水年为 403.7 mm，平水年为 452.6 mm，干旱年为 507.6 mm。

表 2-4　早稻需水量

年份	频率（%）	按大小排列的降雨量（mm）	腾发量（mm）	水文年型
2002	6.3	1 326.3	325.4	
1993	12.5	1 293.6	295.6	丰水年
1998	18.8	1 278.3	301.9	
1999	25.0	1 220.0	296.1	

续表2-4

年份	频率（%）	按大小排列的降雨量（mm）	腾发量（mm）	水文年型
1994	31.3	1 195.4	360.9	
1996	37.5	975.4	361.0	
1992	43.8	949.7	347.8	
2000	50.0	937.5	353.4	平水年
2001	56.3	881.6	375.9	
2003	62.5	877.3	346.7	
1987	68.8	792.4	345.0	
1991	75.0	677.2	526.2	
1990	81.3	635.6	529.7	干旱年
1989	87.5	581.5	449.0	
1988	93.8	579.3	470.3	
平均			379.0	

表2-5 晚稻需水量

年份	频率（%）	按大小排列的降雨量（mm）	腾发量（mm）	水文年型
1994	5.6	498.4	467.8	
1988	11.1	467.4	291.2	
2002	16.7	442.8	341.9	丰水年
1999	22.2	422.8	390.5	
1995	27.8	407.7	526.1	
1993	33.3	395.6	398.7	
2000	38.9	388.0	376.5	
1997	44.4	306.4	514.7	
1987	50.0	260.5	497.5	平水年
1996	55.6	244.1	496.9	
2001	61.1	204.6	376.3	
2003	66.7	204.4	353.2	
1990	72.2	186.8	638.7	
1989	77.8	158.6	554.1	
1998	83.3	133.2	423.9	干旱年
1991	88.9	124.2	462.0	
1992	94.4	75.1	458.2	
平均			445.2	

二、水稻需水量的影响因素

（一）气象因素对水稻需水量的影响

由于气候条件多变，水稻需水量形成极大的地区差异。在充分供水的条件下，水稻需水量受光照、空气的湿度、温度和风等气象因素的影响而发生变化。在南方稻作区，水稻需水量由低纬度向高纬度呈递减的趋势。由于纬度的不同，光照、太阳辐射量、气温、积温等气象要素发生了明显变化。诸气象因素的量值，低纬度高于高纬度。

（1）水稻需水量随着气温的升高而增大，且早稻比晚稻明显。当全生育期日平均光照、风速、相对湿度相同或相近时，日平均气温升高 1 ℃，则水稻全生育期平均的蒸发蒸腾强度：早稻增大 0.69 ~ 0.85 mm/d；晚稻增大 0.42 ~ 0.44 mm/d。

（2）水稻需水量随着光照时数的增加而增大，且早稻比晚稻明显。当水稻全生育期日平均气温、风速、相对湿度相同或相近时，日平均光照时数增加 1 h，则水稻全生育期平均蒸发蒸腾强度：早稻增大 0.71 ~ 1.34 mm/d；晚稻增大 0.35 ~ 0.45 mm/d。

（3）水稻需水量随着风速的增加而增大。在有风条件下，水平方向紊流作用的影响比较显著，当水稻全生育期日平均气温、光照、相对温度相同或相近时，日平均风速增大 1.0 m/s，则水稻全生育期平均蒸发蒸腾强度：早稻增大 0.5 ~ 2.0 mm/d；晚稻增大 1.14 ~ 1.33 mm/d。

（4）水稻需水量随着空气湿度的增加而减小，且早稻比晚稻显著。当水稻全生育期日平均气温、光照、风速相同或接近，日平均相对湿度降低 5% 时，水稻全生育期平均蒸发蒸腾强度：早稻增大 1.5 ~ 1.8 mm/d；晚稻增大 0.7 ~ 1.3 mm/d。

（二）非气象因素对水稻需水量的影响

影响水稻需水量的因素，除以上气象因素外，农业技术措施（品种、密度、施肥）以及田间水管理技术等非气象因素，对水稻需水量也产生一定的影响。

1. 栽插密度对需水量的影响

在合理的种植密度范围内，密度大，单位面积上植株总数增多，总的叶面积增大。一般叶面蒸腾量增大，棵间蒸发量却相应减少，但棵间蒸发量的减少值小于叶面蒸腾量的增加值，结果水稻蒸发蒸腾量仍是随种植密度增加而增大。

2. 施肥水平对需水量的影响

施肥多少关系着植株的生长发育和产量。在合理施肥的条件下，肥料愈多，发酵过程中发出的热量也愈大，使土温水温升高；同时，随着施肥量的增加，会促使稻株生长健壮，根系发达，茎叶茂盛，使水稻蒸发蒸腾量增大。

3. 不同品种对需水量的影响

水稻每一品种对生理需水和外界环境条件均有一定要求，这是品种的固有属性。不同品种，其生长期长短不同，株高、茎、叶等群体结构也不相同，呼吸和光合作用的强度也有差异，因此蒸发蒸腾量也不相同。根据广东资料，水稻不同品种之间的蒸发蒸腾量差异一般在 8.5% ~ 17.8%。

4. 灌溉技术对需水量的影响

不同的灌溉技术措施，反映出田间不同的水分管理，尤其是在水稻分蘖后期至成熟期，对田间土壤水分控制上的差异，调节和控制了水、肥、气、热状况，引起了株高、根系发育以及叶面积指数的变化，从而影响到需水量的大小。不同灌溉技术条件下，水稻需水量的变化趋势是：深水灌溉大于浅水灌溉，浅水灌溉大于湿润灌溉或浅湿灌溉，控制灌溉的需水量最小。根据河海大学 – 济宁市水利局麦仁店灌溉试验站的实测资料分析，如果水稻以浅水灌溉的蒸发蒸腾量为基准，则深水灌溉的蒸发蒸腾量增大 8.1%，湿润灌溉的蒸发蒸腾量减少 5.7%，控制灌溉的蒸发蒸腾量则减少 29.9%。

三、水稻田间渗漏量

（一）影响水稻田间渗漏量的因素

水稻田间渗漏分为田埂渗漏和底层渗漏，简称旁渗和直渗，它是稻田耗水的重要组成部分。稻田渗漏量的大小，与稻田的土壤质地、土壤结构、地下水位、田面水层深浅以及边界等因素有关。在饱和条件下，水在土壤中的渗透流动符合达西定律，其表达式为

$$q = K_s \frac{\Delta H}{\Delta L} \tag{2-2}$$

式中　q——水稻田间渗漏强度；

　　　K_s——土壤渗透系数；

　　　ΔH——作用水头；

　　　ΔL——渗径；

　　　$\dfrac{\Delta H}{\Delta L}$——水力梯度。

从式（2-2）可以看出，水稻田间渗漏强度与土壤渗透系数和水力梯度成正比。土壤渗透系数 K_s 对渗漏量有重要影响，当水力梯度一定时，K_s 值大，则渗漏量大。渗透系数 K_s 的大小与土壤的类型、结构、质地及孔隙的性质等因素有关。水力梯度是影响水稻田间渗漏量的重要因素，其大小与排水沟（管）的间距、深度、沟（管）水位及田面水层等因素有密切关系。

由于地形、土壤条件与水文条件的差异较大，因此我国各地水稻田间渗漏量的变幅很大。根据南方稻区的实测资料统计，本田期多年平均渗漏量：早稻为 144.4 ~ 577.8 mm，晚稻为 110.6 ~ 566.3 mm。渗漏量占田间耗水量的比例：早稻为 25.5% ~ 62.7%，晚稻为 22.5% ~ 57.7%。

水稻田间渗漏强度随土质而异，在南方稻作区，双季早、晚稻本田期的平均渗漏强度：黏性土为 0.9 ~ 2.4 mm/d，壤土为 1.6 ~ 2.8 mm/d，沙壤土为 2.1 ~ 4.7 mm/d。单季中稻本田期的平均渗漏强度：黏土为 1.2 ~ 4.0 mm/d，壤土为 2.1 ~ 5.3 mm/d，沙壤土为 5.5 ~ 9.8 mm/d。

（二）水稻田间渗漏量对水稻生理生态的影响

在淹水灌溉条件下，稻田有适宜的渗漏量，具有重要的生理生态意义。水稻的无机营养主要由根系来吸收，根系要完成正常的生理活动必须有足够的氧气。土壤长期淹水，会产生以下有害物质。

（1）有机酸。在高温渍水嫌气条件下，有机质分解为有机酸，有机酸的毒害主要是抑制根对磷、钾肥吸收和使稻体内抗坏血酸、谷胱甘肽等物质还原型比率增加，造成稻株体内氧化还原电位下降。

（2）硫化氢。在渍水嫌气条件下，土壤中的硫酸盐在反硫化细菌作用下，还原为硫化物和硫化氢，若浓度达到 0.07 mg/L，即对稻根有毒害。硫化氢对稻体内所有含金属的酶都有降低其活性的危害，特别对细胞色素氧化酶、抗坏血酸氧化酶、过氧化物酶有强抑制作用，对根吸收磷、钾肥亦有抑制作用。

（3）亚铁。稻田土壤存在大量的铁，在渍水嫌气条件下，高价铁还原成低价铁。若水溶性亚铁浓度大于 60 mg/L，即对稻根有毒害，抑制根对磷、钾肥的吸收，并导致水稻根叶早衰。

有机酸、硫化氢和水溶性亚铁都能溶于水，稻田渗漏过程中，可将溶于水的还原有毒物质排除，同时也将氧气带入土壤中，提高土壤氧化还原电位。因此，在淹水灌溉条件下，适宜的水稻田间渗漏量，能改善稻根的生长环境，促进水稻正常生长发育，提高水稻产量。

然而，水稻田间渗漏量既消耗了大量的灌溉水量，又使土壤中的肥料流失，尤其是氮素流失，对生态环境产生不利影响。因而减少渗漏量对节水和保护生态环境都有重要意义。试验证明，控制灌溉和浅湿灌溉能显著降低水稻田间渗漏量，同时改善土壤的通气状况，限制了土壤中有毒有害物质的产生，促进根系的发育，达到节水增产的目的。

第三节　水稻需水规律

一、水稻生理需水和生态需水

（一）水稻生理需水

水稻生理需水是指供给水稻本身生长发育、进行正常生命活动所需的水分。维持水稻正常生理功能所消耗的水量，绝大部分是通过植株蒸腾而散失到大气中去的，因此生理需水量实际上是指水稻的蒸腾量。蒸腾强度随着绿色叶面积和植株高度的增加而逐渐增加，到了成熟期，又随着绿色叶面积的逐渐减少而递减，在水稻一生中，其变化规律是从小到大，再由大到小。蒸腾作用使得水在作物体内传输，将有机物质和无机物质输送到各器官，同时带走大量热量，使水稻地上部分不致因过热而被阳光灼伤。试验表明，蒸腾作用不仅在叶面进行，在稻株的其他部分如叶鞘、穗等都发生蒸腾作用。特别在抽穗以后，穗和叶鞘的蒸腾量可达到总蒸腾量的 $20\% \sim 40\%$。

（二）水稻生态需水

水稻生态需水是指为保证水稻正常生长发育，创造一个良好的生态环境所需的水分，这部分水量主要包括棵间蒸发量和稻田渗漏量。水稻生态需水的作用是多方面的，但最主要的作用是以水调温、以水调肥、以水调气及淋洗有毒物质等。以水调温是通过调节稻田水层的深浅和有无，来调节土壤的温度、湿度，改善田间小气候。遇低温，采用日浅夜深的水层管理，可以提高水温和土温；遇高温，则采用日深夜浅的水层管理，可起到降温作用。以水调肥，则是通过水层的变化，调节养分的积累、分解和利用，以促进水稻合理吸收、健壮生长。以水调气是通过落干和晒田，促使水气交换，增加土壤中的氧气含量，可减少有毒物质的产生，改善土壤理化状况，促进养分的分解和活化，增强根的活力，起到促根控蘖的作用。对于盐碱地、咸酸地以及有毒物质含量较多的渍害低产田，通过实施稻田渗漏淋洗，可减少有毒物质的积累。采取引淡洗碱压盐、洗咸压酸、排毒，可有效地改善水稻根层的生态环境。

二、各生育期需水量的变化

（一）各生育期需水量占全生长期需水量的比例

无论是不同的地区、不同的栽培技术，还是不同品种的水稻，其需水量都随着生育期的不同而发生变化。在水稻生长发育过程中，需水量的变化规律是由小到大，再由大到小。根据南方稻片各省区灌溉试验资料分析，双季早、晚稻各生育期的需水量占全期需水量的比例（又称阶段需水模系数或模比系数）分别如下：

（1）双季早稻。移栽返青期需水模系数为 4.0% ~ 8.2%，分蘖前期需水模系数为 6.4% ~ 23.6%，分蘖后期需水模系数为 7.4% ~ 23.8%，拔节孕穗期需水模系数为 15.3% ~ 32.9%，抽穗开花期需水模系数为 10.2% ~ 17.7%，乳熟期需水模系数为 7.7% ~ 15.9%，黄熟期需水模系数为 8.6% ~ 31.3%。

（2）双季晚稻。移栽返青期需水模系数为 3.6% ~ 11.4%，分蘖前期需水模系数为 7.0% ~ 26.9%，分蘖后期需水模系数为 8.7% ~ 25.5%，拔节孕穗期需水模系数为 14.1% ~ 31.0%，抽穗开花期需水模系数为 7.2% ~ 20.4%，乳熟期需水模系数为 8.4% ~ 18.9%，黄熟期需水模系数为 3.1% ~ 20.0%。

（3）单季晚稻。移栽返青期需水模系数为 5.7% ~ 12.9%，分蘖期需水模系数为 25.1% ~ 26.3%，拔节孕穗期需水模系数为 24.3% ~ 35.1%，抽穗开花期需水模系数为 9.4% ~ 17.9%，乳熟期需水模系数为 9.5% ~ 13.5%，黄熟期需水模系数为 6.1% ~ 9.9%。

不同的灌溉技术，对阶段需水模系数有一定的影响，但变化仍在上述范围之内。

（二）需水高峰期出现的时间与强度

在南方地区，淹水灌溉条件下，水稻本田期叶面蒸腾量占需水量的 63% ~ 71%，棵间蒸发量仅占 27% ~ 29%。因此，在需水量中叶面蒸腾量是主要的，需水高峰期出现的时间取决于叶面蒸腾的峰期，在节水灌溉条件下，情况更是如此。

根据南方稻区多年试验资料统计，早、中、晚稻的需水高峰出现时期有早有迟，峰的形态也不相同。

双季早稻由于插秧后气温较低，蒸腾强度增加比较缓慢，需水高峰多出现在抽穗开花期至乳熟期，后期因气温较高，峰的延续时间较长。本田期日平均需水量为 3.9 ~ 4.9 mm，而高峰期的需水强度达 5.3 ~ 6.3 mm/d。

双季晚稻由于插秧后气温较高，蒸腾强度增加较快，需水高峰也出现较早，一般在拔节孕穗至抽穗开花期。后期因气温下降，峰的延续时间较短。本田期日平均需水量为 3.8 ~ 5.3 mm，而高峰期的需水强度为 4.2 ~ 6.3 mm/d。

单季中、晚稻植株较高，叶面积大，其需水强度高于双季早、晚稻。前期气温较高，需水量上升较快，高峰期出现较早，多在拔节孕穗期。本田期日平均需水量为4.6～6.0 mm/d，而高峰期的需水量强度为5.5～7.2 mm/d。

（三）水稻需水量过程线

图2-1～图2-4列出了南方地区双季早稻、双季晚稻、单季中稻和单季晚稻需水量过程线，从图中可以看出一个共同的规律，即南方地区水稻需水量过程线与蒸腾过程线形状相似，趋势一致，近似为一单峰曲线。曲线的形状主要受植株蒸腾量作用所左右，而棵间蒸发量只影响需水量值的大小却不能左右其变化趋势。

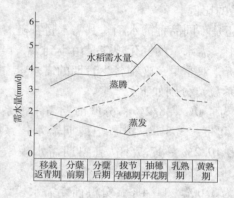

图2-1　双季早稻日需水量过程线
（横山、灵山、贺县）

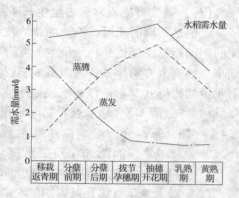

图2-2　双季晚稻日需水量过程线
（武昌、淮阳、南宁、丹阳）

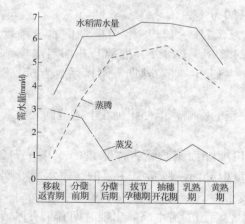

图2-3　单季中稻日需水量过程线
（横县、兴宁、潮州）

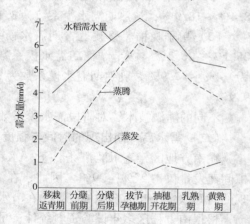

图2-4　单季早稻日需水量过程线
（江苏常熟试验站）

图2-5则反映出北方水稻需水量的变化特征，其过程线为双峰曲线。第一个峰出现在返青至分蘖前期，这是由于空气干燥棵间蒸发量大而造成的；第二个峰出现在拔节孕穗后期至抽穗开花期，此阶段植株蒸腾量大。因此，北方地区水稻需水量前期受棵间蒸发量左右，后期受植株蒸腾量左右。

不同的灌水技术，对不同时期的需水强度会有影响，但需水过程线的变化趋势不会

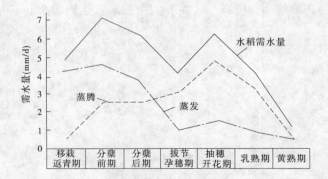

图 2-5　北方水稻日需水量过程线（沈阳市苏家屯试验站）

改变。

　　从图 2-6 可以看出，在水稻生长前期，淹水灌溉的耗水量过程线有一个很大的高峰，全生育期起伏较大，而控制灌溉的水稻耗水量过程线变化则较为平缓，前期略高，后期较低，在各生育阶段均低于淹水处理，削去了乳熟期以前的耗水高峰。控制土壤水分后，对蒸发蒸腾和田间渗漏均起着限制作用。

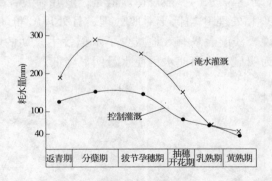

图 2-6　水稻耗水量多年平均值变化过程（山东济宁）

　　桂林试验站双季水稻多年观测资料分析表明，薄浅湿晒灌溉的水稻需水模系数为：早稻复苗期 7.49%、分蘖前期 9.45%、分蘖后期 17.59%、拔节孕穗期 19.54%、抽穗开花期 17.91%、乳熟期 13.36%、黄熟期 14.66%。晚稻复苗期 7.68%、分蘖前期 8.14%、分蘖后期 16.17%、拔节孕穗期 21.96%、抽穗开花期 17.05%、乳熟期 13.86%、黄熟期 15.14%。

　　从图 2-7 中可以看出，本田期薄浅湿晒灌溉的早稻日均需水量为 4.3 mm/d，而在需水高峰时强度达到 5.4~6 mm/d。分蘖前期由于水稻叶面积指数低，水面直接受阳光和风的影响，田间需水量以棵间水面蒸腾为主；分蘖后期开始，由于水稻分蘖，叶面积指数显著提升，因而以植株叶面蒸腾为主。第一个需水高峰期出现在分蘖后期，此阶段水稻分蘖多、叶片多，并且植株生长迅速，因而对水分的需求比较大，达到 5.4 mm/d；第二个需水高峰期出现拔节孕穗期，此时主要植株从营养生长转到生殖生长，因此对水分需求较大，达到 6 mm/d；第三个需水高峰期出现在抽穗开花期，此时由于是籽粒形成的关键时期，为了维持适宜的田间生长小气候，使植株提高光合作用，增加体内碳水化合物的含量，提高抽穗率和整齐率，需要大量的水，达到 5.5 mm/d。

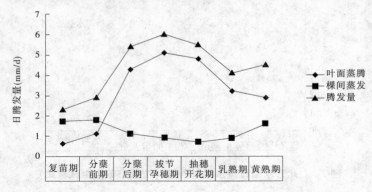

图 2-7 薄浅湿晒灌溉早稻各生育期日腾发量变化过程（1992 年桂林）

浅湿调控灌溉条件下水稻各生育期腾发量的变化过程如图 2-8 所示。由图可知：灌溉处理 C 和处理 B 及对照处理的需水规律没有发生质的变化，即波峰和波谷出现的时间基本相同，这也符合水稻需水的一般规律。但是，波峰和波谷高度却发生了变化，在整个生育期中，处理 C 和处理 B 均低于对照处理，且处理 C 低于处理 B，并呈现出良好的一致性。也就是说，浅湿灌溉有效地减少了水稻各生育期的叶面蒸腾和棵间蒸发，以孕穗期和乳熟期尤为明显，从而使水稻耗水量明显降低。

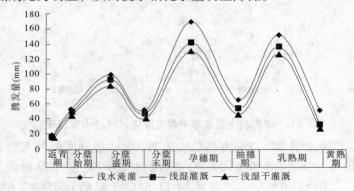

图 2-8 浅湿调控灌溉的水稻各生育期腾发量变化过程

沈阳农业大学 1998 年和 1999 年的试验资料（见表 2-6、图 2-9）表明：水稻全生育期的平均腾发强度浅湿调控灌溉处理 C 为 4.02 mm/d，比对照（5.07 mm/d）减少了 20.71%；浅湿调控灌溉处理 B 平均腾发强度为 4.32 mm/d，比对照减少了 14.79%。由此可见，浅湿灌溉使水稻各生育期的腾发强度都有不同程度的降低。实行浅湿灌溉，可以改变水稻田间的土壤水分状况，从而调节了水稻的生理需水和生态需水，腾发强度也随之相应改变。可见，在浅湿灌溉条件下，田间土壤水分的调节是控制水稻蒸发强度和蒸腾强度的重要手段。

表 2-6　水稻各生育期不同处理的腾发强度与模比系数

生育期	处理 C			处理 B			CK		
	腾发量（mm）	腾发强度（mm/d）	模比系数（%）	腾发量（mm）	腾发强度（mm/d）	模比系数（%）	腾发量（mm）	腾发强度（mm/d）	模比系数（%）
返青	11.98	3.99	2.26	13.86	4.62	2.48	16.34	5.45	2,5
分蘖始	46.54	3.32	8.77	48.68	3.45	8.70	53.02	3.79	8.2
分蘖盛	88.54	4.43	16.68	92.35	4.60	16.51	98.66	4.93	15.2
分蘖末	42.89	3.89	8.08	45.32	4.12	8.10	50.26	4.57	7.7
孕穗	134.20	4.47	25.28	141.30	4.71	25.26	168.27	5.61	25.9
抽穗	48.40	4.84	9.12	52.10	5.21	9.31	63.69	6.37	9.8
乳熟	129.60	4.32	24.42	135.20	4.51	24.17	150.85	5.03	23.2
黄熟	28.60	2.86	5.39	30.60	3.06	5.47	48.60	4.86	7.5
合计	530.75		100	559.41		100	649.69		100

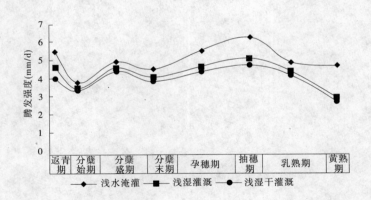

图 2-9　水稻各生育期不同处理腾发强度变化过程

三、水稻需水临界期

作物需水临界期是指作物生长期间对水分最敏感的生育阶段。水稻的需水临界期多在孕穗期，即稻穗形成的阶段，此阶段水分亏缺，最先受影响的器官是最幼嫩的稻穗，容易造成穗小粒少。同时，该阶段叶面积大、蒸腾作用强，需水较多，占生育期需水量的20%～30%，若供水不足，就会削弱同化物质制造及其在体内的运送。在稻穗形成的初期（苞分化期及枝梗分化期）缺水，会使枝梗形成受阻，稻穗减少；在稻穗形成中期

（颖花分化期）缺水，会使颖花发育不健全，产生畸形颖花使谷粒减少；在稻穗形成后期（花粉母细胞形成及减数分裂期和花粉充实完成期）缺水，会导致不抽穗或造成空壳秕粒。

　　稻穗发育阶段，特别是花粉母细胞减数分裂期，对外界环境条件最为敏感，高温、低温和剧烈的温差，养分供应不足等，对稻穗分化都有抑制作用，保证该期的水分供应，有利于形成大穗以提高产量。

第三章　水稻节水高产机理

第一节　节水灌溉的水稻节水机理

各种水稻节水灌溉技术的节水机理具有共性，本节仅以试验资料较为系统的水稻控制灌溉、浅湿调控灌溉和浅湿晒灌溉等为代表进行说明。

一、水稻控制灌溉的节水机理

从形成作物生产力的过程来看，除通过工程改造和加强灌区管理的各项措施减少供水系统的输水损失外，必须改进灌水技术，调节和控制水稻自身的生理生态需水规律，降低水稻高产情况下的无效水量消耗，挖掘其本身的节水潜力。1982 年以来的历年灌溉试验结果表明，控制灌溉技术从水稻生理与生态两个方面实现了节水。

（一）水稻生理节水

采用控制灌溉技术后，水稻蒸腾量及其规律均发生变化，生理性节水占节水总量的29.3%，成为节水的主要途径之一。蒸腾是水稻重要的生理现象之一，只有在蒸腾作用下，水稻才能获得生命所需的碳源（CO_2），避免稻株受到高温伤害，使叶内细胞渗透压增高形成叶片的吸水拉力（蒸腾拉力），有利于根系吸水吸肥，与此同时，随着蒸腾流的连续相，进入稻体内的无机盐也实现了自身的分配，稻体各部分获得了根系吸收的养分。但是，有关研究显示，在水稻吸收的水分总量中，能被利用的仅占1%，其余的水分均通过蒸腾作用等丢失到体外。可见，采用先进的灌水技术，创造更好的水分养分环境，可以促进和控制水稻的生命活动，充分发挥其自身的调节机能，使无效蒸腾降低，实现高产情况下的生理性节水。从下面的叶片气孔开闭行为、叶面积生长过程等分析可以看出，控制土壤水分后，水稻的生理变化、蒸腾减少与气体正常交换的协调过程。

1. 叶片气孔开闭与蒸腾

水稻体内的大量水分蒸腾，均发生在叶片表面的角质层和气孔，而成年叶片的角质层蒸腾仅占3% ~ 5%。因此，在水稻生长的大部分时期，叶片气孔的开闭活动，决定了蒸腾量的大小变化。根据试验观测，水稻叶片气孔的开启时间和开启程度，在不同生育期有所变化（见图3-1），不同生育期晴、多云、阴三种代表性天气的叶片气孔开启过程也有所不同（见图3-2）。这些既反映出叶片气孔行为与气象的密切关系，也显示了稻叶功能的完备及各生育期不同土壤含水量对叶片气孔开闭活动的调控效果。从每个生育期定时观测的叶片气孔开度平均值变化过程可知：分蘖期气孔达到全开的时间最早，从 10 时到 16 时，历时 6 h 后开始关闭；拔节孕穗期、抽穗开花期在 12 时叶片气孔才全开，于 14 时就开始变小，全开历时为 2 h；乳熟期叶片最大开度均值仅为 5.5级，达不到全开程度。水稻全生育期大部分时间叶片气孔处于中开、微开状况（全开、中开、微开对应的叶片气孔开度分别为 6 级、4 级和 2 级左右）。

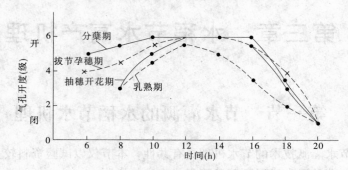

图 3-1　水稻不同生育期不同时间气孔平均开度

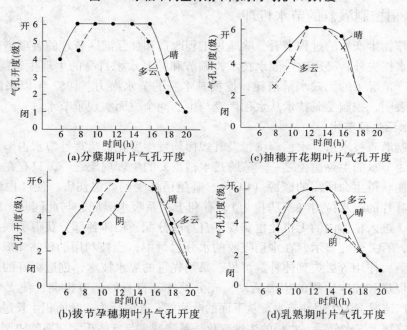

图 3-2　水稻不同生育期代表性天气叶片气孔开度

　　气象条件对叶片气孔开启的影响很大，晴天叶片气孔全开时间长于多云和阴雨天气。气温的高低和土壤含水量的高低对叶片气孔的开启也有明显的作用。研究结果表明，土壤含水量大于 20% 时，气温在 20 ℃气孔微开，到 30 ℃时全开。当气温高于20 ℃时，叶片气孔开启度随着土壤含水量的增加而增大，土壤含水量为 15% 时叶片气孔关闭，土壤含水量达到 34% 以上时，叶片气孔全开。当气温在 30 ℃以上时，叶片气孔开启与土壤含水量没有明显的关系。控制灌溉处理的水稻田间土壤含水量常保持在20% ~36.6%（饱和），叶片气孔处于中开、微开的时间居多。因此，控制土壤含水量，可限制和调节叶片气孔的开闭，改变气孔的大小和阻力，抑制无效蒸腾的发生。从气孔本身的构成也可看出，土壤水分控制后，限制了根系吸水和稻体内水分向叶片的供应，组成叶片气孔的两个并列保卫细胞因水分变化而改变形状，用调节叶片气孔的大小和开闭的方式来保存水分，维持正常的生命活动，减少蒸腾量。

一般认为蒸腾作用与光合作用是同步的，均由叶片气孔完成。叶片气孔一方面作为调节蒸腾速率的阀门，土壤水分限制或不足时，叶片气孔部分或全部关闭，以保存水分；另一方面，叶片气孔同时也是外界 CO_2 进入的通道，水分的出口和气体的入口使得叶片气孔的调节处于矛盾状态。由于水稻对 CO_2 扩散的阻力很小，这种低气体扩散抗阻特性，使得叶片气孔在部分关闭（处于中开、微关状况），蒸腾速率降低的同时，叶片仍保持一定的光合速率，另外叶片气孔缩小导致温度上升，增大了水蒸气的浓度差，也提高了 CO_2 的进入率，这些均有利于光合作用。从水稻增产节水的最终结果分析，控制灌溉的水稻叶片气孔处于中开、微关状态，在抑制蒸腾的同时，对光合作用并无影响，光呼吸的抑制反而使净光合率提高，较好地协调了气孔控制水分利用和水分亏缺的矛盾，处于既保持一定水平的蒸腾和冷却作用，又保持一定水平的光合作用的适宜气孔活动状态。相对淹水灌溉在保持和提高了水稻叶片光合作用的同时，较大幅度地减少了水稻体内水分通过叶片气孔的蒸腾量。当然，叶片气孔的功能是复杂的，有待于进一步深入研究。

2. 叶面积生长与蒸腾

水稻蒸腾量的大小及其变化，除与叶片气孔运动规律有关外，在群体上还与叶面积的大小及其发展过程有关。一般与叶面积指数呈正相关，返青期影响最小，进入分蘖期逐渐增大，到拔节孕穗期—抽穗开花期达到高峰，以后逐渐下降，与蒸腾强度的变化类似。淹水灌溉，水稻最大蒸腾强度抽穗开花期为 6.4 mm/d，控制灌溉水稻抽穗开花期的蒸腾强度则为 2.8 mm/d，不仅成倍地小于前者，而且还优于其他节水性灌溉技术（如湿润灌溉等）。图 3-3 显示，叶面积指数越大，叶片蒸腾的面积和气孔数量都增加，蒸腾量也相应增大。在拔节孕穗期和抽穗开花期，控制灌溉的水稻因无效分蘖少，叶面积指数小于淹水灌溉，单位面积的水稻叶面蒸腾面积和气孔数量都小于淹水灌溉，蒸腾量减少。在分蘖期、乳熟期和黄熟期，控制灌溉处理的叶面积指数大于淹水灌溉，但由于气温相对较低，叶片蒸腾的强弱主要受气孔开闭活动控制，水稻蒸腾量仍然小于淹水灌溉。乳熟期以后，气孔的作用尤为明显。

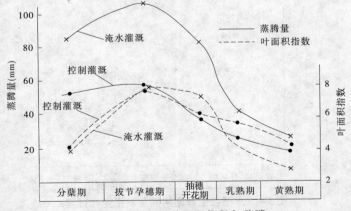

图 3-3 水稻叶片面积指数与蒸腾

从叶面积生长和气孔运动的综合效果分析可知，控制灌溉的水稻，无论是在单棵植株的蒸腾上，还是在群体结构的蒸腾上均优于淹水灌溉，抑制无效蒸腾的作用显著，同时光合作用的过程更趋合理。

　　3. 其他生理指标变化与蒸腾

　　叶细胞浓度等生理指标也能敏感地反映出水稻灌溉技术改变后稻体内水分变化情况，最终表现为蒸腾量的减少，分析它们的变化，有助于了解控制灌溉是否合理、灌水是否适时，及蒸腾量减少后的利弊。据试验观测，在分蘖后期至抽穗开花前期的生长旺盛阶段，控制灌溉的水稻叶细胞浓度高于淹灌处理（见表 3-1）。

表 3-1　不同处理水稻叶细胞浓度　　　　　　　　　　　　　　（单位：g/L）

处理	日期								
	07-19	07-24	07-29	08-04	08-09	08-14	08-19	08-23	08-29
控制灌溉	12.0	12.5	14.5	15.2	16.5	14.1	14.8	15.0	15.5
淹水灌溉	9.5	11.5	13.0	13.8	13.8	11.5	14.0	13.5	14.0

　　细胞浓度的大小，反映出水稻水分代谢、生长及抗性等情况，细胞浓度的提高，有助于渗透调节能力的产生，增强了水稻的耐旱性。同样，稻体活细胞中的自由水和束缚水，也随着生化反应的进行而改变，自由水含量减少，束缚水相应增多，蒸腾量减少，稻株的活力增强，仍可以保持原生质的正常结构，避免干旱损害。因此，控制灌溉的水稻根系吸水适当调控后，体内水分代谢活动发生变化，促使水稻自身的机能调节转向节水高产型，无效蒸腾得到合理抑制。

　　（二）水稻生态节水

　　水稻棵间蒸发和田间渗漏被认为是生态性需水，与田间土壤水分状况关系密切。采用控制灌溉后，棵间蒸发量的减少量占总节水量的 3.8%，田间渗漏量的减少量占总节水量的 66.9%。全生育期的变化规律也发生了显著的变化，淹水灌溉的水稻棵间蒸发量和田间渗漏量均有一个起伏变化过程，在分蘖期均有很大的峰值。控制灌溉水稻的棵间蒸发量呈单向下降，削去了淹水灌溉的峰值，且各生育期均小于淹水灌溉（见图 3-4）。

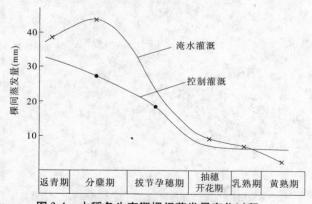

图 3-4　水稻各生育期棵间蒸发量变化过程

　　棵间蒸发量的变化，不仅受自然条件和作物生长情况的影响，也受到田间水层深度或土壤供水的控制。从分蘖动态及叶面积发展过程分析可知，控制灌溉的水稻群体生长早于淹水灌溉，有利于减少棵间蒸发量，更重要的是，控制灌溉返青期田面水层较薄，以后的各个生育阶段始终不建立水层，水面蒸发被土壤蒸发所代替，而且土壤水分控制较低，土壤蒸发较小，水稻根系为满足其生理需水，加强了对土壤中水分的吸收，棵间蒸发量减少。

灌溉技术的改进，引起了田间渗漏量大幅度下降（减少48.6%），主要是土壤供水条件控制的结果。据试验资料分析，田间渗漏量与田面水层深度呈线性正相关，无水层时与土壤含水量呈曲线型正相关，且边际增长率小于1。在淹水灌溉的水田中，需要保持一定量的田间渗漏量来冲洗土壤中的有毒物质，改善根系层土壤的供氧条件，但也淋洗了土壤，带走了养分，利弊并存难以把握。采用控制灌溉后，在返青期后田面不再建立水层，灌溉时的土壤含水量也只达到饱和含水量，大气与土壤气体的直接接触和交换，改变了水田土壤长期处于还原状况的被动局面，大大减少了土壤中有害物质的形成。因此，田间渗漏量的大幅度减少，反而有利于减缓水稻土退化的速度，保护了土壤环境，有益无害。另外，控制灌溉技术改变了根系生长发育情况，并随着生育阶段的进展而逐步向深层土壤扎根，土壤水调节能力加大，提高了水稻的耐旱性，节约了生态需水量和灌溉水量。

经多年试验资料分析，采用先进的控制灌溉技术，不仅水稻的生态需水完全可以调节，减少到最低程度，有利于增产节水和稻田土壤改良，而且也可以控制和调节水稻生理需水，发挥水稻自身机能的调节作用和对缺水的生理适应性，改善光合作用过程，形成现代稻作所提倡的培育理想株型。也就是说，通过改进灌溉技术，可以减少水稻生理耗水量和生态耗水量，实现水稻生产的节水增产。

二、水稻浅湿调控灌溉的节水机理

根据辽宁省多年实测资料分析，水稻的生理需水量只占水稻需水量的30% ~ 40%，而生态需水量和耕作需水量却占水稻需水量的60% ~ 70%。人们常常以建立水层来满足水稻对水的要求，其实大部分水是以深层渗漏和棵间蒸发损失掉的。

根据省内外多年观测资料，叶面蒸腾量、棵间蒸发量与田间渗漏量占生育期总耗水量的百分比分别为40% ~ 50%、15% ~ 25%与25% ~ 45%（见表3-2 ~ 表3-6）。泡田或泡田洗盐用水量占水稻总用水量的1/3左右。

表3-2　沈阳浑南、浑浦灌区插秧水稻植株蒸腾量　　　　（单位：mm/d）

地区	返青期	分蘖始期	分蘖盛期	分蘖末期	拔节孕穗期	抽穗开花期	乳熟期	黄熟期
浑南	0.57	0.95	1.89	1.70	3.21	2.63	2.61	未测
浑浦	0.96	1.01	1.28	2.76	4.52	3.74	3.24	未测

表3-3　沈阳浑南、浑浦灌区插秧水稻棵间蒸发量　　　　（单位：mm/d）

地区	返青期	分蘖始期	分蘖盛期	分蘖末期	拔节孕穗期	抽穗开花期	乳熟期	黄熟期
浑南	3.61	2.64	2.72	1.70	1.08	0.62	0.57	未测
浑浦	4.29	5.84	4.26	1.09	0.83	0.70	1.23	未测

表 3-4　沈阳浑南、浑浦灌区插秧水稻田间渗漏量　　　（单位：mm/d）

地区	返青期	分蘖始期	分蘖盛期	分蘖末期	拔节孕穗期	抽穗开花期	乳熟期	说明
浑南	6.56	2.88	3.21	0	2.55	1.39	1.59	中壤
浑浦	1.69	0.98	1.22	1.54	0.77	0.93	1.55	中壤

表 3-5　丹东、营口地区插秧水稻植株蒸腾量　　　（单位：mm/d）

地区	返青期	分蘖始期	分蘖盛期	分蘖末期	拔节孕穗期	抽穗开花期	乳熟期	黄熟期
丹东	0.40	0.89	1.81	2.10	2.54	2.49	2.30	未测
营口		0.70	1.60	4.10	4.10	4.60	2.90	未测

表 3-6　丹东、营口地区插秧水稻棵间蒸发量　　　（单位：mm/d）

地区	返青期	分蘖始期	分蘖盛期	分蘖末期	拔节孕穗期	抽穗开花期	乳熟期	黄熟期
丹东	2.61	2.50	1.20	1.00	0.70	0.71	0.81	未测
营口		4.50	2.70	2.40	2.20	2.20	2.00	未测

若稻田短期（3~4 d）受到轻微干旱（土壤含水量为田间持水量的70%~80%），尽管当时的腾发量与生长速率降低，但复水后可以恢复，甚至出现生长速率更高的反弹现象。因此，全生育期蒸腾量下降20%以内，一般不影响水稻的生育与产量；蒸腾量下降25%，无显著影响；继续下降，则影响较大。根据一些地区的试验观测，采用浅湿调控灌溉，通过短期土壤含水量低于田间持水量，或长时间低于田间持水量的85%~90%，可使水稻全生育期蒸腾量降低10%~20%，半干旱栽培降低20%~25%。在不影响水稻生长发育和产量的条件下，浅湿调控灌溉可使棵间蒸发量下降25%~35%。

稻田渗漏量可起到增加土壤含氧气量，改善土壤通气状况的作用，但进行露田、晒田同样可起到增加土壤含氧量、改善土壤通气状况的作用，甚至作用更大。稻田渗漏量的大小与水稻生长发育和产量高低无关，而渗漏量在稻田水的耗量中占相当大的比例，稻田的渗漏量与灌溉方式关系极大，完全可以控制到最低限度。根据试验，辽宁平原地区的轻壤土、重壤土稻田采用浅湿调控灌溉，可减少渗漏量30%~40%。

综上所述，浅湿调控灌溉主要是降低渗漏量，其次是降低棵间蒸发量，节水潜力可达30%~50%。

三、水稻浅湿晒灌溉的节水机理

从图3-5可以看出，传统的淹水灌溉（传统灌溉）在全生育期都保持较大的水层范围，由于常时间较深水层的存在，增大了腾发量和渗漏量。为了使田间时常保持有较深的水层，必须灌入大量的水以维护水层的存在。由于水层存在的时间长，水层深，导致腾发量和田间渗漏量各生育期都大于浅湿晒灌溉的（见图3-6～图3-8）。浅湿晒灌溉使水稻全生育期中除复苗期、拔节孕穗期和抽穗开花期三个时期田间有一定水层外，其他的生育期基本上平时都不存在水层，只是保持田间土壤的湿润，因此减少了维持水层所需的水量，即减少了灌水量，同时也减少了由此产生的腾发量和渗漏量。

　　经过对多年早稻观测资料的统计分析发现，浅湿晒灌溉的水稻各生育期灌水量比淹水灌溉减少26.9%，浅湿晒灌溉的水稻各生育期耗水量除灌浆期略大外，其他生育期都明显小于淹水灌溉，全生育期耗水量减少18.1%（见图3-9），节水效果明显。

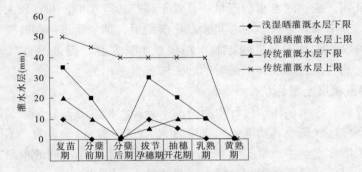

图3-5　浅湿晒灌溉与传统灌溉各生育期水层

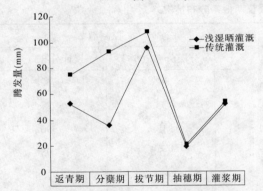

图3-6　浅湿晒灌溉与传统灌溉
各生育期腾发量

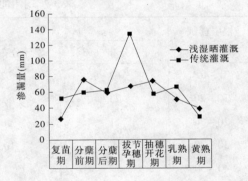

图3-7　浅湿晒灌溉与传统灌溉
各生育期渗漏量

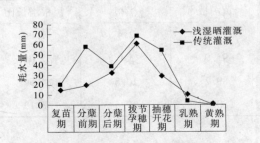

图3-8　浅湿晒灌溉与传统灌溉各
生育期耗水量

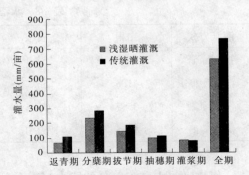

图3-9　浅湿晒灌溉与传统灌溉
的灌水量

第二节　节水灌溉的水稻高产优质机理

各种水稻节水灌溉技术的高产优质机理具有共性，本节仅以试验资料较为系统的水稻控制灌溉和浅湿晒灌溉等技术为代表进行说明。

一、控制灌溉的水稻高产优质机理

多年试验证明，控制灌溉水稻产量一直处于高产稳产水平，并有较大幅度增产。根据山东农业大学和南京农业大学中心实验室化验结果，稻米质量得到改善，达到优质稻米标准。这与科学灌水技术促进和控制水稻根系生长发育，促进根系对养分的有效吸收，合理利用光热资源，形成高产优质的理想株型紧密相关。

（一）根系及根层土壤性状

根系是吸收器官，水稻生产过程中所需的水分和无机盐等养分，皆是由根系的吸收来提供的，根系发育状态及其功能强弱直接影响水稻产量。试验表明，不同的灌溉技术提供了不同的土壤含水量、土壤温度和土壤通气状况，形成了不同的根系发育状况和衰变过程，根量、根色及根系分布相差较大（见表3-7、表3-8）。

表 3-7　水稻收获期根系分布情况

根层尝试（cm）	淹水灌溉		控制灌溉	
	分层分布（%）	累计分布（%）	分层分布（%）	累计分布（%）
0 ~ 10	62	62	42	42
10 ~ 20	23	85	35	77
20 ~ 30	11	96	13	90
30 ~ 40	4	100	5	95
40 ~ 50			2.5	97.5
50 ~ 60			2.5	100

表 3-8　水稻根系活力情况调查　　　　　　　　　　　　　　　　（%）

灌溉方式	白根	黄根	黄白根	黑根	黑根增长比
控制灌溉	45.5	52.1	97.6	2.4	1.00
湿润灌溉	41.3	53.7	95.0	5.0	2.08
浅水灌溉	35.7	53.5	89.2	10.8	4.50
淹水灌溉	18.5	62.0	80.5	19.5	8.13

作物吸收水分和养分的能力与根系总长、分布范围及根毛数量等密切相关。水分吸收在根尖和分枝根区之间最为活跃，幼根的伸长生长区和根毛区对水分吸收最旺盛，根

毛深入微细的土壤间隙内，以其黏性表面与土壤微粒紧密附着而起吸水作用。据观测结果分析，控制灌溉，创造了既有水分又有空气的良好土壤条件，使得水稻根系数量和长度均优于淹水灌溉，也改变了淹水土壤还原条件下根毛形成受阻的状况，根系生长出一定量的根毛，根系分布范围大，扎根深，一次扎根深达 60 cm，呈倒树枝状，加大了根系吸水区间，占总量 97.6% 的黄白根维持量，增强了根系的吸收能力，更能有效地吸收水分和养分，有助于改善水稻的生产性能和抗逆能力。而淹水灌溉的水稻根系则集中分布在 20 cm 土层范围内，呈水平层状分布，根浅而细，根毛少，衰退快，黑根比例高达 19.5%，根系发育差，其吸收功能受阻，影响水稻高产。

各生育阶段水温和泥温的观测资料显示，控制灌溉技术也调节了土壤温度，土壤温度高于淹水灌溉，从而影响水稻根系的生长发育和微生物的活动。土壤温度的变化，受其接受的辐射能总量和土壤热特性，以及固、液、气三相组成比例的影响。由于不建立水层，阳光能直接射进土壤，被吸收后转变成热能，土壤温度升高。因水的热容量高于固体和气体的热容量，控制灌溉的土壤升温快于淹水灌溉的土壤，白天土温高，晚上土温低。在一定范围内，土壤温度愈高，根系吸水愈容易，保证了水稻蒸腾、光合作用等生理需水的有效水分供应。随着土壤温度的增高，有机物分解释放出的养分增加，根系代谢活动旺盛，使得水稻通过物理过程（如扩散和交换吸附）和代谢活动吸收的养分增加。控制灌溉的水稻根层土壤温度均在 25~30 ℃，处于微生物活动、养分溶解及吸收的最佳范围。土壤温度的改善，加快了土壤中气体与大气间空气交流的速度，气体交换多于淹水灌溉，水稻可通过通气腔及气体直接交换双重途径向土壤供氧，形成有利于根系吸收和活动的好气环境，避免了土壤淹水条件下土壤中虽存在大量养分而未能吸收的现象。

呼吸作用是水稻体内各种物质相互转变的枢纽，能使有机物（淀粉或糖）逐步分解为简单的无机物、二氧化碳和水，释放能量供应生命活动，并为其他化合物的合成提供原料。当植株幼小、生长旺盛时，生长呼吸是总呼吸量的主要部分，无疑是有用呼吸。而维持作物整个生理功能的呼吸，占成熟植株中呼吸总量的很大部分，其中包括对光合作用产物的浪费性消耗在内，因此可以适当限制后使其转变为干物质的积累。控制灌溉因稻田不建立水层，土壤昼夜温差增大，根系土壤性状改善，土壤中二氧化碳的浓度有所降低，形成了抑制过量维持呼吸的水分、温度和透气的土壤环境，有机物积累增加，光合作用的产物能更多地向穗部输送，形成干物质。

淹水条件下根系土壤环境的特点是缺氧及随之而来的一系列还原反应，亚铁、硫化氢、二氧化碳和有机酸含量上升。其中，亚铁浓度增加过多，常常引起水稻中毒，硫化氢的存在引起黑根、烂根，影响根系吸收功能及其对地上部的作用，还能进入根中，移动至地上部植物体内，扰乱生长和运输，阻碍碳水化合物、氮和磷由茎基部转运到生长器官中去。控制灌溉改变了上述不利因素，根系层土壤大部分时间均处于氧化状态，稻根氧化能力强，使许多还原物被氧化，消除了有害物质。

由于根系常常以根溢泌物的形式释放相当数量的有机物质到土壤中去，能吸引大量的土壤微生物在根的附近生长，形成根系微生物群，加速了土壤有机物质的分解和养分的有效吸收。与淹水灌溉相比，控制灌溉水稻根系层土壤有机质含量略有增加，有利于土壤培肥。从全氮、速效氮、全磷、速效磷、速效钾等项指标变化可看出，水稻对氮、磷、钾的吸收均多于淹水灌溉，这是水稻高产优质的营养基础，是控制灌溉调节土壤水分和水稻生理生态指标的结果。

不同灌溉技术的水稻各生育阶段根系生长发育变化过程不同（见图3-10），控制灌溉的水稻生长前期根量增加较快，拔节孕穗期有一个明显高峰，根系早生快发，扎根深，分布广，数量多，生长后期能维持较好的根系状态。淹水灌溉的水稻根系不仅数量低于控制灌溉的，低缓的根量高峰也推迟到抽穗开花期，生长后期衰老快，总根系量下降趋势明显。在构成水稻产量因素的关键期，淹水灌溉的黑根量大幅度上升，大量根系变成失去吸收功能的黑根。控制灌溉的黑根很少，其发展也较平缓。从根量的变化过程可以看出，控制灌溉的水稻具有较好的高产根系，在水稻穗分化减数分裂期，稻株生长量迅速增大，根生长量是一生中最大的时期。控制土壤水分后，调节了水稻根系层水、气、热状况，以气促根，以根保叶，合理地吸收水分和养分，促进壮秆、大穗和颖花分化，减少了颖花退化，为形成高产型的亩穗数、穗粒数和千粒重打下了基础。进入抽穗开花期，稻株根系活力下降，根数量增加很少，而此时新陈代谢旺盛，光合作用强，需要较多的水分用于蒸腾及有机物的合成和运输，控制灌溉维持了水稻有活力的根系，保持着根系旺盛的吸收功能，为抽穗后提高结实率创造了条件。在水稻生育后期，控制灌溉仍能使水稻具有较高的黄白根量，稻根衰老慢，生长健壮，保证了上部叶片（剑叶、倒二叶、倒三叶）制造的有机物输送给稻穗，增加了粒重和产量。

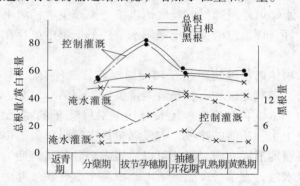

图3-10　不同灌溉技术的水稻各生育阶段根系生长发育变化过程

由此可见，控制灌溉形成了水稻高产的理想根系及其合理的衰变过程，促进和控制了水分养分的有效吸收，创造了消除有害物质、充分利用肥料及抑制消耗性维持呼吸的最佳土壤环境，使根系的生长发育和地上部理想株型的形成协调一致，提高水稻的耐肥性和抵抗干旱、倒伏等逆境的能力。

（二）分蘖动态

水稻分蘖是营养生长期间从主茎每一个未伸长节的叶腋上长出分枝的过程，行株距、光线、土壤水分调控、养分供应，以及其他环境和栽培条件，都会影响分蘖。试验中各灌溉方式观测数据说明，控制灌溉提供了分蘖所需的适宜土壤温度，根系发育良好。根据分蘖、叶和根同步生长规律，水稻分蘖早、生长快，低位蘖多，分蘖动态优于淹水灌溉，见图3-11。中后期对土壤水分的控制，有效地控制了水稻根系对水分和养分的吸收，导致无效分蘖减少，与基本苗相同的淹水灌溉相比，有效分蘖率高达73%，提高了28%，并且蘖壮叶挺，株型整齐，形成了合理的高产群体。

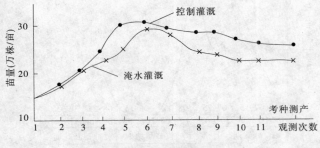

图3-11　水稻分蘖动态

1988年返青期受旱及1989年减少返青水量试验表明，这个时期水分亏缺，将影响分生组织叶的发育及随后叶的伸长生长，分蘖率降低。相反，淹水层的存在，也使得稻茎基部节间伸长，推迟了分蘖的时间和速度，无效分蘖增多，同样难以形成高产群体。所以，薄水返青较为适宜。

（三）茎秆生长

茎秆由一系列的节和节间组成，为了研究水稻高产的生态条件，试验中观测了秆高、日增长量、秸秆充实度三个指标（见表3-9、图3-12）。秆高是指稻株基部与穗颈节之间的长度，对检验水稻抗倒性具有重要意义。

表3-9　充实度与秆高

| 年份 | 灌溉方式 | 节间充实度（mg/cm） | | | | | 全株 | |
		N	$N-1$	$N-2$	$N-3$	$N-4$	充实度（mg/cm）	秆高（cm）
1987	控制灌溉	6.6	13.8	18.4	20.2	35.7	14.0	86.0
	淹水灌溉	6.6	14.6	19.8	20.3	29.1	13.5	82.7
1988	控制灌溉	7.7	18.2	23.4	24.5	48.9	16.0	86.9
1989	控制灌溉	10.0	18.0	22.0	35.0	88.3	17.7	76.0
	淹水灌溉	5.1	14.0	19.0	22.0	38.0	12.9	80.3
各处理平均	控制灌溉	8.1	16.7	21.3	26.6	57.6	15.9	83.0
	淹水灌溉	5.9	14.3	19.4	21.2	33.6	13.2	81.5

控制灌溉的水稻群体高度较低，茎秆矮而整齐，茎秆底节节间短，密实粗壮，具有较强的抗倒伏性能。与相同品种和相同农业技术措施的淹水灌溉相比较，秆高平均矮8.0%~9.5%，分蘖期和孕穗抽穗阶段的平均日增长量分别减小28.2%和58.3%，$N-3$，$N-4$节间的充实度分别提高30.2%和84.5%。

在营养生长期，控制灌溉技术通过水分调节，控制和促进了水稻对水分和养分的吸收，使其分蘖旺盛，而株高增加较缓，茎秆日增长量小于淹水灌溉。在以茎秆伸长为主

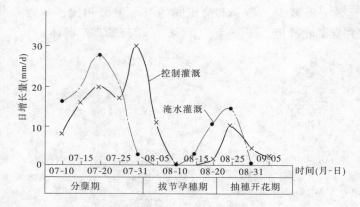

图 3-12　水稻茎秆日增长量

要特点的生殖生长前期，控制灌溉的水稻株高增加快于淹水灌溉，吸收的养分主要用于茎秆生长和组织强度的加强，抑制了无效分蘖。进入后期和抽穗开花期，日增长量小于淹水灌溉，避免了与稻穗生长发育争水争肥的现象。抽穗开花期穗茎抽出叶鞘长度与穗茎节间长度之比值测试结果表明，比值越高，稻穗越长，产量越高。淹水灌溉的比值仅为 0~1/10，控制灌溉的比值达 1/4 左右，具有强壮的穗茎节间，形成大穗。从日增长量变化过程可以看出，淹水灌溉的水稻茎秆日增长量的双峰分别出现在分蘖期和抽穗开花期，而控制灌溉的水稻茎秆日增长量最大高峰出现在拔节孕穗前期，另外两个阶段的峰值较小。这说明控制灌溉使水稻茎秆生长处于最佳时期，有利于分蘖和大穗的形成，更符合高产型水稻生长特性。

水稻倒伏一般是因茎秆基部两节间弯折造成的，茎秆厚度、组织强度、下叶衰老速率等均影响抗折强度。据观测，淹水灌溉的水稻底部节间长度为 3~5 cm，外直径 6~8 mm，内空直径 4~6 mm，壁厚 1 mm。控制灌溉的水稻底部节间长度仅为 1~2 cm，外直径 8~10 mm，内空直径 2~3 mm，壁厚达 3~3.5 mm，底部节间充实度达 88.3 mg/cm（1989 年资料），是淹水灌溉的 2.3 倍，收获期用手捏茎节和秆茎，有竹筷子感，组织强度明显好于淹水灌溉。另外，叶鞘对整株水稻起着机械支持作用，占茎秆抗折强度的 30%~60%。控制灌溉的水稻叶子衰老慢，包裹节间的叶鞘坚韧性、强度和紧密度均优于淹水灌溉，提高了抗倒伏性。稻株养分状况也与抗倒伏性有关，过量增施氮肥，往往会引起基部节间伸长，这也是淹水灌溉水稻易倒伏的原因。控制灌溉的水稻节间生长旺盛期，恰好处于重施分蘖肥和穗肥之间，很好地协调了产量因素构成和植株生长的矛盾，增强了水稻耐肥性和抗倒伏性。

据有关文献介绍，高产水稻茎秆形态特征是短而结实，能抗倒伏，它和叶鞘均是抽穗前淀粉和糖的临时贮藏处，积累在其中的碳水化合物是分蘖芽发育所需碳水化合物的来源。控制灌溉所形成的粗壮、坚实的水稻茎秆，为强有力的分蘖提供了能量，节间伸长茎秆的有效生长，为后期稻穗生长发育贮存了更多的原料。在抽穗后，茎秆、叶鞘中新贮存的碳化合物转运到穗部送到谷粒中去，为提高结实率创造了有利条件。

因此，控制灌溉改变了水稻生长条件和茎秆生长过程，改善了节间长度、茎秆厚度和组织强度，使稻株生长、高产群体和个体的形成，以及高产性增肥措施三者处于适宜的协调状态。

（四）稻叶生长

典型的水稻叶子由叶鞘、叶片、叶舌和叶耳组成，尽管各自的作用有所不同，但其主要功能是拦截入射的太阳辐射，约有90%的有效辐射光会被叶子吸收，并通过叶绿素的光合作用转化为化学能，最后以碳水化合物的形式贮存于稻体的叶鞘和茎秆内。水稻的干物质来源于叶片的光合作用，因此稻叶的良好生长发育和合理延缓叶片的衰老过程，对水稻高产有着重要意义。由于叶鞘和茎秆的光合作用微不足道，分析中仅考虑水稻叶片，既考虑单株个体的叶片状态，又分析群体叶片的生长情况。水稻群体对太阳光的吸收与群体密度、作物生长期和叶面积指数有密切关系。群体光合作用主要取决于入射太阳辐射、单位叶面积光合率、叶面积和叶片的朝向，后三个因素随水稻株型的改变而变化，也与水肥控制措施有关。不同灌溉技术的水稻叶片形态和叶面积指数（LAI）都有所变化，其高产的生理特点也发生相应变化。

控制灌溉的水稻各生育期叶面积指数最高值为6.85（见表3-10），全生育期平均值为5.8。符合水稻光合作用适宜叶面积指数值5.0左右的要求。从LAI变化过程也可看出（见图3-13），淹水灌溉的水稻叶面积指数呈两头小、中间大的陡峰变化，灌浆成熟的叶面积指数陡降。控制灌溉的水稻叶面积指数在分蘖期和拔节孕穗期迅速增大至峰值后，生长中期有一个合理的削峰过程，在形成产量的关键生长期，叶面积指数仍维持在5.0左右，明显优于淹水灌溉处理。

表3-10　水稻叶面积指数

水稻生育期	淹水灌溉叶面积指数	控制灌溉叶面积指数	控制灌溉与淹水灌溉比（%）
返青	0.58	0.61	+5.2
分蘖	4.15	3.45	−16.9
拔节孕穗	7.15	6.45	−9.8
抽穗开花	7.95	6.85	−13.8
乳熟	5.10	5.60	+9.8
黄熟	3.00	5.15	+71.7

水稻叶面积指数随着生育阶段的进展而增减，在抽穗前后稻株有5张最大叶片时达到最高值，抽穗后随着下部叶片的死亡逐渐下降。叶面积指数的增长主要取决于基本苗数量、稻株个体生长发育的进程和时期及氮素施用量等水肥措施。在一定的密度下，调节稻田水分状况，促进和控制水稻对氮素的吸收，对叶面积指数的变化起着决定性作用。在水稻分蘖期，控制灌溉使水稻蹲苗稳长，促进根系的良好发育和水分、养分的吸收，并合理地使用在茎、蘖、叶的生长上，促使蘖叶早生快发，光合作用面积迅速增加，叶面积指数增长快于淹水灌溉，为水稻生长提供了更多的光合能量，构成了高产型的稻株贮存能力。进入拔节孕穗期，水稻茎秆和叶子生长旺盛，叶面积指数达到一生中的最高峰。淹水灌溉的水稻叶面积指数维持在高峰阶段到抽穗开花期末，控制灌溉的水稻因无效分蘖受控制，叶面积指数则有控制地下降。而此时叶面积指数过高，水稻不仅

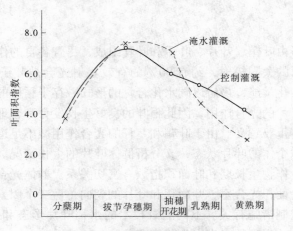

图 3-13　水稻叶面积指数变化过程

有倾斜和倒伏的趋势，使其生长率降低，而且下层叶片大部分光照不足，光合率下降影响高产。控制灌溉通过水分控制，限制了氮素的过量吸收，抑制了无效分蘖，保持适宜的叶面积指数（5.0 左右），太阳光可透过冠层作用于下层叶片，扩大了光合作用的面积，有利于有机物的合成和运输，尤其是孕穗和抽穗开花阶段，无效分蘖的控制，使更多的碳水化合物用于稻穗的枝梗和颖花发育，减少颖花退化和不孕，为形成理想的大穗、穗粒数和千粒重打下基础。

在大多数情况下，谷粒内碳水化合物的 90% ~ 95% 是在开花后由所固定的 CO_2 形成的，谷粒产量与开花后叶的光合存留期和光合速率有密切的关系，灌浆成熟期维持水稻下位叶的功能，延缓叶片衰老，延长光合期是获得高产的关键。从叶片的分工上看，水稻剑叶至倒三叶的同化物质主要输送到穗中，而下位叶的同化物质用于维持根的活动，良好的根系吸收功能起着保三叶的作用。如果下位叶不能完全行使机能或者早衰死亡，植株的生长点必然上移，使一部分上位叶向根系供应同化物质，势必与穗生长争夺营养而影响产量。由根系生长发育情况分析可知，控制灌溉的水稻根系生长发育好于淹水灌溉，既避免了下位叶因大量输送营养给根系造成早衰的现象，又保证叶片的水分和无机养分（特别是氮）的充分供应。使叶片的存活期延长，在乳熟期仍能保持较高的叶面积指数。因此，控制灌溉的水稻光合存留期及光合率均优于淹水灌溉，能积累更多的有机物输送到穗粒中，从而获得增产。

达到最高峰群体光合作用所需的叶面积指数大小，取决于冠层叶片的朝向，它决定了冠层内的光环境。控制灌溉的水稻叶片挺立，可让日光透入冠层较深且分布较均匀，具有理想的水稻叶片冠层和朝向，光合作用面增加，冠层的光合作用量较大。据有关资料分析，叶面积指数极高时，挺立叶冠层的光合作用要比披散叶冠层的光合作用高20%。水稻单株个体叶片性状观测结果显示，淹水灌溉的水稻叶片角质层较薄、绿色较浅，而控制灌溉的水稻叶片角质层厚且呈深绿色，厚而深绿色的叶片，能减少反射光的损失，叶形缩小及直立性，可使光均匀地分布在所有叶片上，增加了水稻对光能的吸收利用。

综上所述，控制灌溉促进了水稻群体和个体的生长发育，具有理想的个体叶片性状和合理叶片群体及高产光合作用过程。

（五）产量构成因素

稻谷产量可以分解为 4 个构成因素：有效穗数、每穗总粒数、结实率和千粒重。各个产量构成因素，不仅起作用的时间不同，对稻谷产量的贡献各异，而且随灌水措施的不同而发生变化，导致收获的水稻产量也有所不同。

分析产量构成因素（见表 3-11）可知，控制灌溉的水稻有效穗数比淹水灌溉的水稻有效穗数多 1.85 万穗/亩，单位面积的总粒数达 3 137.54 万粒/亩（增加 14.6%），结实率提高了 3.2 个百分点，千粒重增加 1.1 g，群体指标和个体指标有所提高，与传统灌溉的水稻群体增加而个体指标却下降的情况不同，显示了较大的增产潜力，为今后水稻的合理密植和促进个体生长提供了科学依据。

表 3-11　水稻产量构成因素

灌溉方式	年份	有效穗数（万穗/亩）	穗长（cm）	每穗粒数（粒）	饱实粒数（粒）	结实率（%）	千粒重（g）	实测产量（kg/亩）
淹水灌溉	1986	25.55	18.7	131.0	123.0	93.9	24.6	586.6
	1987	23.08	18.5	109.5	102.5	93.6	25.4	595.0
	1989	22.46	18.8	106.0	99.0	93.4	26.1	549.5
	平均	23.70	18.7	115.5	108.2	93.6	25.4	577.0
控制灌溉	1986	25.38	18.6	124.0	122.0	98.4	25.0	663.6
	1987	25.53	18.6	113.5	108.0	95.2	27.0	673.0
	1989	25.74	18.0	131.0	127.0	96.9	27.5	690.6
	平均	25.55	18.4	122.8	119.0	96.8	26.5	675.7

每一个产量构成因素都是在水稻一生中某一特定生育阶段形成的。在水稻分蘖期，控制灌溉技术促进了水稻的旺盛分蘖，低位分蘖多，稻株分枝生长快，单位面积的有效分蘖数多于淹水灌溉，形成了合理的高产群体。在生殖生长期，控制无效分蘖使得水稻光合作用所获得的碳水化合物用于稻穗枝梗和颖花分化，形成大穗，每穗粒数多于淹水灌溉。结实率取决于相对库容大小（粒数）源的活性，谷粒接受碳水化合物的能力，以及累积的同化物质由叶茎向谷粒输送的情况。在相同太阳辐射条件下，水稻群体冠层和个体叶片性状的不同，改变了日光的吸收和净光合率，产生的同化物质也随之变化。控制灌溉技术使水稻抽穗前具有较大的贮存能力和较多的碳水化合物积累，抽穗时和抽穗后良好的叶片性状，又使光合作用强度优于淹水灌溉，能有更多的营养物质输送到穗部。一般而言，水稻倒伏后缩小了维管束横切面，阻碍同化物质和根系吸收养分后的流动，阻碍叶片舒张，加重遮阴面，影响光合作用。控制灌溉的水稻抗倒伏性增加，高产性施肥能付诸实施，水稻结实率提高。控制灌溉维持了水稻生长后期叶片的功能，延长光合存留期，光合作用面积大，因根系生长好，吸收的养分也多，千粒重也高于淹水灌溉。

（六）蛋白质和氨基酸

随着灌溉技术的改进，不仅水稻获得了高产，而且稻米品质也相应提高。蛋白质、氨基酸等指标均发生了显著变化，达到了优质稻米标准，具有更高的营养价值和经济价值。

蛋白质含量是稻米品质的重要指标，普通稻米蛋白质含量为 7%～9%，从表 3-12 可以看出，控制灌溉稻米中粗蛋白含量达 10.15%，比普通稻米提高了 11.7%～43.3%，达到优质稻米标准，且较对照的淹水灌溉处理提高了 0.51 个百分点。控制灌溉为水稻生长发育提供了良好的水分条件，土壤通气状况得到调节，好气微生物活动活跃，有机质分解迅速，氮素矿化速率高，土壤中有效态氮素较多，同时水稻根系发达，代谢活动旺盛，水稻能吸收较多的氮素。而淹水灌溉条件下，土壤有机质分解缓慢，氮素矿化速率低，根系生长也不好，水稻吸收的氮素亦较少。氮素在水稻体内同化合成蛋白质，输送到籽粒部位，从而使控制灌溉稻米中的蛋白质含量高于淹水灌溉的。

表 3-12　稻米中蛋白质、脂肪、维生素含量

灌溉方式	粗蛋白（%）	粗脂肪（%）	维生素 B₂（mg/kg）	维生素 B₆（mg/kg）
控制灌溉	10.15	2.29	6.3	11
淹水灌溉	9.64	2.52	4.7	12

氨基酸是蛋白质的基本成分，定量分析各种氨基酸的含量，能更详细地反映稻米的食用价值和饲用价值。由表 3-13 可知，控制灌溉的稻米 17 种氨基酸总量高于淹水灌溉的，从人体必需的氨基酸总量来看（见表 3-14），也是控制灌溉大于淹水灌溉，尤其是赖氨酸的含量，两者相差极为明显，控制灌溉较淹水灌溉提高了 77.3%。组氨酸和精氨酸是动物和人体必需的氨基酸，控制灌溉也明显高于淹水灌溉，所以这种稻米无论食用和饲用，从品质角度上讲，都是控制灌溉优于淹水灌溉。必需氨基酸/总氨基酸及必需氨基酸/粗蛋白的比值也进一步反映了控制灌溉确实改善了稻米的品质。

表 3-13　不同灌溉技术水稻籽粒中氨基酸含量

氨基酸种类	氨基酸含量（占糙米干重,%）	
	控制灌溉	淹水灌溉
天门冬氨酸（ASP）	0.949 0	0.944 1
苏氨酸（TSR）	0.360 0	0.355 7
丝氨酸（SER）	0.453 4	0.445 2
谷氨酸（GLU）	1.701 9	1.691 1
甘氨酸（GLY）	0.437 4	0.440 5
丙氨酸（ALA）	0.568 8	0.569 8
半胱氨酸（CYS）	0.189 5	0.129 3
缬氨酸（VAL）	0.663 3	0.656 1
蛋氨酸（MET）	0.280 7	0.291 0

续表 3-13

氨基酸种类	氨基酸含量（占糙米干重,%）	
	控制灌溉	淹水灌溉
异亮氨酸（ILEU）	0.430 2	0.451 9
亮氨酸（LEU）	0.792 3	0.834 8
酪氨酸（TYR）	0.318 2	0.375 8
苯丙氨酸（THE）	0.701 6	0.647 3
赖氨酸（LYS）	0.702 8	0.396 4
组氨酸（HIS）	0.561 8	0.297 0
精氨酸（ARG）	0.883 0	0.833 5
脯氨酸（PRO）	0.473 3	0.462 8
总计	10.467 2	9.822 3

表 3-14　不同灌溉技术稻米必需氨基酸指标

指标	控制灌溉	淹水灌溉
赖氨酸（%）	0.702 8	0.396 4
赖氨酸/总氨基酸（%）	6.72	4.40
必需氨基酸总量（%）	3.930 3	3.633 2
必需氨基酸/总氨基酸（%）	37.58	36.99
必需氨基酸/粗蛋白（%）	39.10	37.69

（七）脂肪、维生素

不同灌溉技术对稻米的脂肪、维生素 B 族也产生一定的影响。从表 3-12 可以看出，控制灌溉稻米的脂肪含量较淹水灌溉的低。这是因为植株体内碳水化合物和蛋白质量是互为消长的，合成的蛋白质多，脂肪的含量必然就少；同时，控制灌溉提高了稻米中维生素 B_2（核黄素）含量，而控制灌溉和淹水灌溉的维生素 B_6 没有什么差异，所以从维生素的角度来看，控制灌溉也改善了稻米品质。

（八）稻米中氮、磷、钾含量

稻米中氮、磷、钾含量和稻米的品质无必然联系，我们仅从机理上探讨两种灌溉方式之间的差异。控制灌溉稻米中氮素含量高于淹水灌溉，磷、钾含量低于淹水灌溉稻米的（见表 3-15）。这是因为，在淹水条件下，土壤磷的有效性高，水稻吸收的磷也就多，植物吸收钾的机理以扩散为主，在淹水灌溉水层条件下，土壤钾扩散速率高，水稻吸收的钾素也必定多。

表 3-15　灌溉技术对稻米氮、磷、钾含量的影响

灌溉方式	N（%）	P（%）	K（mg/kg）
淹水灌溉	1.542	0.243	2 142
控制灌溉	1.607	0.234	1 588

二、浅湿晒灌溉的水稻高产优质机理

浅湿晒灌溉技术能够提供更适宜水稻生长的土壤水分环境，减缓根系衰老速度，为植株的生长发育提供充足的水分和养分，促使植株生长健壮，产量提高。

（一）根系土壤氮的吸收利用

浅湿晒灌溉使土壤与大气得到了交换，更新了土壤环境，而使土壤通透，增加土壤的氧气，由于氧气多了，氧化作用也就大大增强了，从而促进好气性微生物活动增强，加速肥料的分解，提高肥效，特别是速效铵态氮显著增加，为多分蘖提供了良好的养分和物质条件。

从表3-16可以看出，在分蘖期采用浅湿晒灌溉方式吸收氮量较多，可以满足水稻快速生长的需要；而在生殖生长时期，吸收氮量又低于淹水灌溉的，可以抑制植株的营养生长，使植株更多的进行生殖生长，提高产量和品质。

表3-16　水稻根系含氮量　　　　　　　（单位：g/kg）

灌溉方式	返青期	分蘖期	拔节孕穗期	抽穗开花期	乳熟期	黄熟期
淹水灌溉	8.27	6.42	6.31	6.23	6.3	5.75
浅湿晒灌溉	8.3	7.86	5.91	5.8	5.84	5.62

（二）根系的活力情况

在有水层条件下，由于土壤肥力分解后的生成物，除提供作物所需的养分外，还会产生硫化氢、丁酸等对水稻有毒害的物质，使根部中毒变黑，甚至腐烂；而浅湿晒灌溉方式全生育期除复苗期、拔节孕穗期和抽穗开花期在田间维持有一定的水层外，其他的生育期都是有浅水层与无水层相交替，缩短了田间渗漏的时间，改变了土壤的物理环境。

由于根系具有较强的向水性，当耕作层水分减少后，根部为了吸收所需的水分和养分，迫使根系向深处伸长，同时大大刺激了根数的增多，特别是白根数显著增加，黑根数减少，使根系更好的吸收土壤中的水分和营养物质，供应植株的生长。

通过对两种灌溉方式在黄熟期进行根系活力情况调查表明，浅湿晒灌溉的根系活力情况明显好于淹水灌溉的（见表3-17），其中黄白根比率提高了13个百分点，白根比率更是比淹水灌溉高19.6个百分点。这说明浅湿晒灌溉方式能够减缓根系的衰老，保持根系的活力。

表3-17　根系活力情况　　　　　　　　（%）

灌溉方式	白根	黄根	黄白根	黑根
淹水灌溉	3.1	25.1	28.2	71.8
浅湿晒灌溉	22.7	18.5	41.2	58.8

（三）分蘖情况

在分蘖阶段，禾苗本身具有喜温好湿的生理特性，采用湿润灌溉可以使阳光直接照射在田间土壤及植株基部，土壤吸热快，土温易于升高，日最高土温比传统浅水灌溉高

4~6 ℃，而且土温昼夜温差变幅也较大，当田间湿润时，土温日变化达到20.4 ℃，而田间保持浅水层的日变幅只有13 ℃。土壤温度的提高和昼夜温差的增大，都有利于刺激低位分蘖的萌发，而使分蘖提早。

从表3-18可以看出来，浅湿晒灌溉方式分蘖数都多于淹水灌溉的，出穗数和有效分蘖率都高于淹水灌溉的，即浅湿晒灌溉方式不仅增加了分蘖数而且减少了无效分蘖率，增加了出穗数，为获得高产打好了坚实基础。

表3-18　水稻分蘖情况

灌溉方式	基本苗期	时间（月-日）						出穗数	有效分蘖率（%）
		05-05	05-10	05-15	05-25	06-05	06-25		
淹水灌溉	1	1.97	7.9	10.5	11.9	13.2	13.6	8.2	57.1
浅湿晒灌溉	1	2.3	8.3	11.7	12.3	13.7	14.1	8.7	58.8

（四）茎秆的生长情况调查

浅湿晒灌溉在分蘖后期进行重晒，由于土壤水分急剧下降，肥料分解速度减弱，使植株吸收的水分和养分暂时受到了限制，在水分养分不足的情况下，植株高位分蘖也就不可能再生长出分蘖苗，从而控制了无效分蘖。在水分不足的情况下，植株体内同化物主要向茎和叶鞘运输，因而秆壁增厚，节间变短，茎秆组织变密，从而增强植株抗倒伏能力。

从表3-19可以看出，浅湿晒灌溉方式的株高都比同期淹水灌溉的要高，最终植株要高2.7 cm，也就是说浅湿晒灌溉的水稻生长速度要快。但是，在生长速度快的同时，最终植株的秆粗一样，这说明浅湿晒灌溉方式比淹水灌溉方式更适宜水稻的生长。

表3-19　茎秆的生长情况

灌溉方式	某时间（月-日）的株高（cm）			株高（cm）	秆粗（mm）
	05-25	06-15	06-30		
淹水灌溉	49.5	93.0	99.8	98.3	5.1
浅湿晒灌溉	49.8	93.5	102.1	101.0	5.1

（五）产量构成要素的影响

从表3-20分析可知，浅湿晒灌溉的产量构成要素中除结实率比"传统灌溉"低0.5个百分点外，其他的产量构成要素都要大于淹水灌溉的。其中，每穗实粒多了约12粒，千粒重重了约1 g，平均每丛出穗数多0.5穗，由于这些产量构成要素的共同作用，最终，浅湿晒灌溉方式比淹水灌溉的产量提高了32 kg/亩。

表3-20　产量构成要素情况

处理	出穗数（平均每丛，穗）	穗长（cm）	每穗粒数（粒）	实粒数（粒）	结实率（%）	千粒重（g）	实测亩产（kg/亩）
淹水灌溉	8.2	23.6	128.7	92	71.4	28.84	551
浅湿晒灌溉	8.7	24	147.2	104.12	70.9	29.7	583

第四章　水稻浅湿晒灌溉

　　水稻浅湿晒灌溉技术是在广西 19 个灌溉试验站 30 多年的灌溉试验及生产实践中反复证明总结而来的,不仅投资少而且有显著增产节水效果。

第一节　技术原理

　　稻田中施放的肥料,必须首先溶解在水里变成土壤溶液,才能被水稻的根部所吸收,并通过水从基秆导管输送至组织各部分。叶片上制造的有机物质,要以水溶液状态借体内筛管输导系统,才能运送到消费和贮藏器官里去。

　　水有巨大的热容量(比空气大 3 300 倍),灌水之后热容量随之增大。因此,灌水后的土壤,白天温度不容易很快升高,晚间温度下降较慢。由于水面吸收获得太阳能后,然后通过水面蒸发、辐射以及与空气的对流热交换进行热量的输送和交换,白天再灌水进入土壤中,能把太阳的辐射热量传入土壤深处,晚间地面的热量散发时,又把深处的热量传给地表,因而起到调节土壤温度变化的作用。另外,灌水后土壤水分增多,蒸发量增大,水在蒸发过程中极力吸收土壤水分的大量热能,使土层温度降低,使之宜于水稻生长。

　　如果灌水或降雨过多,土壤中的空气就被水排斥,造成土壤中透气不良,直接影响土壤中好气性微生物的活动,使土壤中的氧化过程变为还原过程,这样不但使田土中有机质的肥料不能很好分解,而且还会产生一些有毒物质,如硫化氢等,毒害水稻的根部,使白根减少,黑根增多;同时,水分过多,温度下降,土壤中的养分溶液浓度降低,养分就随着水分的渗透而流失,使土壤肥力降低,肥田就变成瘦田。如果水分过少,则土壤的有机质不易分解,养料虽有但不能溶解于水中,水稻就不能吸收和利用,也会引起土壤中温度升高,水稻吸水困难造成干旱,影响水稻正常生长。只有当水稻田中水分适宜,土壤透气性良好,温度适中,养分溶解得好,土壤中的养分随水移动,并紧集到根系的周围,才有利于水稻吸收成长。

　　(1) 移栽后返青期:从插秧起至分蘖的前一天止,移栽后数天进行观察,如秧苗叶色转青,新根生出,真叶出现即为返青期。①浅水插秧能够使秧苗插得直,插得稳,苗齐,秧苗定根牢,不易倒苗。②插后浅灌,可使秧苗茎秆一部分基部淹没于水中,这不仅可以减少植株蒸发的面积,使植株水分蒸发减少,而且还会让秧苗从茎叶的气孔吸收一部分水分,弥补根系吸水不足,使禾苗吸收的水分与蒸腾消耗的水分处于平衡状态,减少凋萎现象。③浅水可以创造一个较稳定的温湿环境,如遇有大风、大雨,还可以减轻秧苗受风浪摧折,有利于禾苗生长发育。④浅水还能抑制田间杂草丛生,减少土壤水分和养分的无效消耗,使养分集中供给禾苗吸收,有了较丰富的营养条件,禾苗就能早生根、长新叶,加快回青。在一般情况下,浅水灌溉要比深水灌或湿润灌提早 2 ~

3 d 转青，禾苗生长也较青秀健壮。如果这些阶段采用湿润灌溉，田间容易脱水受旱，特别是多肥的条件下，会使土壤溶液浓度增大，养分不易输送，根部吸收困难，甚至烧根死苗，所以群众中有"黄秧搁一搁，到老不发作"的农谚。但深水灌溉也不好，深水灌溉会造成浮秧，茎叶下垂，飘于水中，影响叶片的光合作用，极易引起叶鞘过于伸长，植株软弱披伏，不利于新根新叶的生长，阻碍禾苗转青。

（2）分蘖前期：分蘖为原苗数的 10% 以上即为分蘖前期开始，至分蘖开始减退前一天止。①在分蘖阶段，禾苗本身具有喜温好湿的生理特性，采用湿润灌溉可以使阳光直接照射在田间土壤及植株基部，土壤吸热快，土温易升高，日最高土温比浅水灌溉高 4~6 ℃，而且土温昼夜温差变幅也较大，当田间湿润时，土温日变幅达到 20.4 ℃，而水层的日变幅只有 13 ℃，土壤温度的提高和昼夜温差的增大，都有利于刺激低位分蘖的萌发，而使分蘖提早。②湿润灌溉使土壤的各种气体与大气得到了交换，更新了土壤环境，而使土壤通透，增加土壤的氧气，由于氧气多了，氧化作用也就大大增强，从而促进好气性微生物活动增强，加速肥料的分解，提高肥效，特别是速效铵态氨显著增加，为多分蘖提供良好的养分和物质条件。③增强根系吸收能力，让根部吸收大量的养分，经茎秆不断地输送到叶片进行光合作用，制造碳水化合物，然后形成淀粉、蛋白质和糖类，充实植株内细胞，利于禾苗分蘖。据观测资料，采用湿润灌溉平均每兜分蘖数比浅水灌溉多 2.1~3.2 支苗，平均有效分蘖率提高 4.5%~6.3%。

（3）分蘖后期：由分蘖开始减退至幼穗形成前一天止。①控制无效分蘖。晒田后，由于土壤水分急剧下降，肥料分解速度减弱，使植株吸收的水分和养分暂时受到限制，在水分养分不足的情况下，植株高位也就不可能再生长出分蘖苗，从而控制了无效分蘖。②促进根群发育健壮。由于作物根系具有较强的向水性，当晒田使土壤表层（15~20 cm 土层）水分减少后，根部为了吸收所需的水分和养分，促使根系向深处伸长。因此，晒田不仅使根系长得深，而且根数增多，特别是白根数显著增加，黑根减少。因为在有水层灌溉的条件下，土壤肥料分解后的生成物，除提供作物所需的养分外，还会产生硫化氢、丁酸等对水稻有毒害的物质，使根部中毒变黑，甚至烂掉。而实行晒田后，土壤中氧化作用增强，使有毒物质得到氧化还原，因而黑根减少，白根大量增加。③茎秆坚实，增强抗倒伏能力。晒田抑制了地上植株的生长，在水分不足的情况下，植株体内同化物运转方向起了改变，使碳水化合物集中在茎和叶鞘，因而秆壁增厚，节间短，茎秆组织紧密，细胞间气室直径缩小。据观测资料，晒田比不晒田，第一节间要短 1.37 cm，茎秆粗 0.15 mm，承重强度大 26.5 g，植株的含水量低 1.5%，干物质重 0.5 g，增强植株抗倒伏能力，减少倒伏。④减少病虫害。由于田间没有水层，直接改变田间小气候，使田间湿度降低，温度升高，这对于螟虫、稻飞虱、浮尘子等害虫的繁殖有抑制作用，同时有利于天敌，如步行虫、寄生蜂等益虫的活动，而减少病虫害。晒田还能起到培育大穗的作用。

（4）拔节孕穗期：解剖主茎，将叶片、叶鞘全部剥除，露出生长蹼，如生长锥幼穗原始体有 1 mm 左右，肉眼可见，满盖茸毛，即为幼穗形成开始，到抽穗前一天止。这个时期是植株从营养生长转到生殖生长的时期，也是水稻全生长期需水量最多的时期，其需水量占全生长期需水量的 25%~35%，日最大耗水强度达到 12 mm/d 左右，是水稻水分供应的临界期。水分不足，会造成枝梗及颖花发育不健全，产生畸形花而不能正常开花结实。缺水严重，则花粉与卵细胞发育受阻，招致不孕穗，群众中广泛流传着"树怕剥皮，禾怕干苞"的农谚，充分说明这个时期不能脱水过早。因此，田间保持一定的水层（10～20 mm），除直接满足水稻生理需水外，还有其他的生态作用。因为这个时期也是水稻吸肥最多最旺盛的时期，为了保证这一功能的正常进行，必须发挥水肥相融的作用，田间有水层能使土壤中的铵态氮数量增加，稳定，不易脱失，提高肥效，为植株生长孕穗创造良好的营养条件。另外，在这个时期一般气温较高，最高温度都在 30 ℃以上，田间有水层可以创造较稳定的温度条件，防止白天温度过高和昼夜温差过大而影响作物发育，所以其生理需水和生态需水的要求基本上是一致的，都要求此时期田间保持一定水层。但是水层也不宜太深，水深不仅削弱棵间光照强度与空气流通，同时也极易引起后期倒伏而造成减产。在施肥水平较高、保水能力较强的稻田或者是地势低洼地下水位很高和施肥不当，造成植株疯长等情况下，可以采取湿润管理，保持田间水分处于饱和状态。

（5）抽穗开花期：稻穗露出叶鞘点全科 10%以上，到乳熟期前一天止。该生育期是水稻对水分反应较敏感的时期。缺水不仅会减弱光合作用，降低植株体内碳水化合物含量，影响籽粒形成，而且还会使田间空气湿度降低，轻则抽穗不齐，重则难以出穗。因此，保持田间有水层仍然是十分必要的。水层的存在除能够满足植株吸水吸肥的需要外，还能起到调节水、地温，提高田间温度的作用，从而促使禾苗出穗提前、集中和整齐。试验资料说明，田间保持水层要比没有水层提前 2～3 d 抽穗。

（6）乳熟期：10%的稻穗中部谷粒已灌浆，到黄熟期前一天止。这个时期作物需水已下降，但是水分不足，也会减弱光合作用，阻碍同化物的形成和运转，使灌浆结实不饱满，千粒重降低，结实率下降，产量减少。

（7）黄熟期：80%的稻穗中部谷粒已转黄，到收割之日止。这个时期作物的生理需水已急剧下降，土壤水分保持在接近饱和状态，就能满足植株生长的需要，一般采用干干湿湿的灌溉方法。

第二节　技术特点

一、插秧至返青浅水灌溉

插秧时，田间保持浅水层，有利于保证栽插质量，避免漂秧，要求水层为 10～20 mm（抛秧要求水层为 5～10 mm）。栽插后，由于植伤，秧苗根系的吸水能力大大减弱，为了平衡秧苗的生理需水，田间保持一定的浅水层（15～20 mm），可以保持一个良好的温湿环境，使根系恢复生长，促进秧苗快速返青。

返青期田间水层保持在 40 mm 以内，低于 5 mm 应及时灌水。浅水层的掌握也要因地制宜，根据具体情况而定。如秧龄长、较高的秧苗，水层可以深一些，采用 40 mm 左右的水层。秧龄短、秧苗幼小，可以采用 30 mm 左右的水层。同样，扯秧移植时，水层要深些，铲秧移植的水层稍浅些。施用面肥时，插秧的田间水层宜深些；反之，施底肥的水层宜浅些。

二、分蘖前期湿润管理

分蘖期是植株营养器官发育的阶段，也是奠定穗数的重要时期，促进有效分蘖增多，防止生长过旺，保证株健根强，是确定这个时期灌溉技术的依据。观测资料证明，分蘖始、盛期采用湿润管理（3～5 d 灌一次 10 mm 以下水层），经常保持田间土壤水分饱和状态，是促使禾苗分蘖有效、迅速、提前、集中和增多的优良灌溉方法。

三、分蘖后期晒田管理

分蘖后期晒田是高产灌溉的重要环节，晒田时间和程度，要看苗、看田、看天而定。高坑田、沙质土田轻晒，晒田 5～7 d；禾苗长势好、肥田、冷浸田、低洼田、黏性土壤要重晒，晒田 5～10 d；水源欠缺的田以及望天田不宜晒田。

四、拔节孕穗期及时回水灌溉

拔节孕穗期是水稻的需水临界期，也是水稻吸肥最旺盛的时期，保证充足的水分供应，有利于壮秆，并为大穗打下基础。此期田间应保持 10～20 mm 的浅水层，在地下水位比较高的田块，也可以采用湿润灌溉方法。

五、抽穗开花期保持浅水灌溉管理

抽穗开花期，水稻光合作用强，新陈代谢旺盛，也是水稻对水分反应较敏感的时期，耗水量仅次于拔节孕穗期，这个时期应采用浅水层 5～15 mm 灌溉。

六、乳熟期湿润灌溉管理

田间的土壤水分要保持饱和状态，一般掌握 3～5 d 灌一次 10 mm 的水层即能满足作物的需要。

七、黄熟期湿润落干灌溉管理

黄熟期水稻田间耗水量已急剧下降，为了保证籽粒饱满，前期保持湿润，后期使其落干，遇雨应排水。

第三节　技术实施要点

在实施浅湿晒灌溉技术过程中还必须因地制宜地掌握好返青期、分蘖后期、抽穗开花期、黄熟期的灌溉管理。

一、返青期

浅水层的掌握也要根据具体情况而定，例如：秧龄较长的秧苗，水层可深一些；秧龄较短的秧苗，水层可稍浅些。扯秧的水层要深些，而铲秧的水层就稍为浅些，施用耙面肥时插秧的，田间水层也宜深些（所谓深些、浅些均指在 30～40 mm 水层的范围内）。还值得注意的是，早稻经常会碰到倒春寒的低温天气，晚稻会遇上高于 35 ℃ 以上的恶劣天气，在高温或低温的条件下，田间水层都应加深到 45～60 mm。这样较深的水层可以调节田间的水温、地温和湿度。高温时采用深灌可以降低田间的水温、地温和提高棵间的湿度，避免水温高而灼伤植株茎部，影响秧苗返青。而低温时采用深灌可以提高田间的水温和地温，避免水温和地温的急剧下降而影响秧苗返青。需待低温和高温过后才恢复到原来的 30～40 mm 的浅水层。

二、分蘖后期

晒田必须严格掌握好时间和程度，才能充分发挥晒田的作用，既不能过早也不能过迟，晒田过早会影响分蘖，晒田过迟则影响幼穗分化。因此，晒田时间应在分蘖后期至幼穗分化前，杂交品种分蘖能力强，应在分蘖苗数达到计划苗数的 80%～90% 时，就开始晒田，这是由于刚开始晒田的头 2～3 d，秧苗仍在继续分蘖，当晒田由轻到重时，分蘖也就停止了，这样总的分蘖数就可达到计划苗数时进行晒田的要求。晒田的程度，要看田、看苗、看天决定。一般是叶色浓绿生长旺盛的肥田、冷底田、低洼田、黏土田要重晒；而叶色青绿，长势一般，肥料不多，瘦田、高坑田、沙质土田要轻晒。因为冷底田、低洼田、肥田、黏土田保水能力强，不易晒透，所以要重晒；沙土田、瘦田保水能力差，漏水性强，不宜重晒，要轻晒。重晒田一般 7～10 d，晒到田中间出现 3～5 mm 的裂缝，田边土略有坑白，叶色退淡，呈青绿，叶片挺直如剑为宜。轻晒田一般晒 5～7 d，晒到田中间泥土沉实，脚踩不陷，田边呈鸡爪裂缝，叶色稍为转淡为宜。晒田的天数还要看天气，如晒田期间气温高，空气湿度小，晒田的天数应少些；而气温低，湿度大的阴雨天气，则晒田天数应长些。当然，晒田还要根据水源条件和灌区渠系配套情况，分片进行晒田，避免晒田后灌水不及时而造成干旱，影响作物生长。

三、抽穗开花期

特别要注意的是，抽穗开花期早稻往往碰到高温、晚稻遇到寒露风而减产。据有关的试验资料，当日最高温度达到 35 ℃ 时，就会影响稻花的授粉和受精，降低结实率和千粒重。遇上寒露风的天气，也会使空粒增多，千粒重降低。因此，为了防止高温和寒露风的伤害，除适当加深灌溉水层外（一般把水层加深到 30～45 mm），最好同时采用喷灌，利用平时喷农药的工具或喷水竹筒进行喷灌。高温时喷灌，可以使田间气温降低 0.6～1.5 ℃，空气相对湿度增加 3.4%～4.6%，提高结实率 2.1%～2.8%。遇寒露风时喷灌，可以调节田间小气候，提高大气的水分。当水滴洒在土壤上，能起保持土温和提高田间温度的作用，而且由于茎叶上的水滴堵塞了一部分气孔，使植株水分蒸发减少。这样植物体内随水分蒸发而散发出来的热量也相应地减少，植株体内细胞汁的温度就可以比较缓慢地下降，从而减轻寒露风的危害。喷水雾化强度越大，喷水时间越长，防寒露风伤害的效果就越好。

四、黄熟期

不能过早脱水，脱水过早，土壤干燥，强迫成熟，影响籽粒饱满，降低产量。相反，此期水分过多，会延迟成熟，青粒增多，同时也不利于收割，所以一般穗部勾头后，田间落干，利于收割，早稻收割后立即灌水，以便犁耙田，沤田插晚稻。

第五章　水稻控制灌溉

第一节　技术原理

水稻控制灌溉是指稻苗（秧苗）本田移栽后，田面保持 5 ~ 25 mm 薄水层返青活苗，在返青以后的各个生育阶段，田面不建立灌溉水层，以根层土壤含水量作为控制指标，确定灌水时间和灌水定额。土壤水分控制上限为饱和含水量，下限则视水稻不同生育阶段，分别取土壤饱和含水量的 60% ~ 80%。水稻控制灌溉是根据水稻在不同生育阶段对水分需求的敏感程度和节水灌溉条件下水稻新的需水规律，在发挥水稻自身调节机能和适应能力的基础上，适时适量科学供水的灌水新技术。在非关键需水期，通过控制土壤水分造成适度的水分亏缺，改变水稻生理生态活动，使水稻根系及株型生长更趋合理。在水稻需水关键期，通过合理供水改善根系土壤水、气、热、养分状况及田面附近小气候，使水稻对水分和养分的吸收更加有效、合理，促进水稻生长，形成合理的群体结构和较理想的株型，从而获得高产。控制灌溉技术在显著减少水稻棵间蒸发量和田间渗漏量的同时，有效地减少了水稻蒸腾耗水，使水稻蒸腾和光合作用处于一种新的协调状态。对水稻根系生长和株型形成具有显著的促控作用，可消除或减少土壤中有毒有害物质，具有良好的保肥改土作用，土壤水分和养分利用率高，既节水又增产，稻米品质明显改善。因此，水稻控制灌溉技术具有节水、高产、优质、低耗、保肥、抗倒伏和抗病虫害等优点。

一般认为，水稻在淹水条件下才能正常生长，田面必须保持足够深的水层，才能满足水稻生理生态需水要求。但从生产实践来看，在水稻分蘖后期进行烤田，起到了抑制无效分蘖，提高有效分蘖的作用，具有明显的增产效果。现代农学研究中，也采用化学药品、生物技术等手段，减少作物的无效耗水，提高养分的有效吸收和作物对干旱等逆境的抵抗能力，从而达到节水高产的目的。基于水稻生产实践和现代科学理论，对水稻节水高产灌溉技术进行了深入试验研究，形成了水稻控制灌溉技术，其主要理论依据是：①水稻各个生育期对水分的需要各不相同，不必始终保持稻田田面的水层，也不必都保证充分的水分供应，应该根据水稻不同生育期对水分需要的敏感度，适时、适量地供应水分。调整水稻生理生态状况，减少作物无效蒸腾量、棵间蒸发量和田间渗漏量，从而显著地减少水稻耗水量，并能通过对水稻生长形态的调整，促使水稻向最佳群体结构和理想丰产株型两者的优化组合方向发展，以求达到水稻节水、高产、优质、高效的目的。②在作物土壤—作物—大气水分循环系统中，以灌溉供水作为促控手段，研究灌溉调控土壤水分后，土壤中水、肥、气、热状况与植物生理生态指标的变化，以及土壤、植物与大气影响因素之间的相互关系，即对控制土壤水分后，作物对大气中光热资源利用，土壤中水、气、热的要求，以及作物本身机能的变化等相互促进、相互制约的关系进行研究，突出了灌溉在连续体（SPAC）系统中的积极作用。通过不同的灌溉技术，不同的灌溉补水量，对农作物进行有促、有控的生理生态调整，充分利用根层土壤含水量与稻作之间的互相反馈作用和作物对水分的自我调节能力。所以，水稻控制灌溉技术是现代农业技术和现代水利灌溉技术的有机结合。

控制灌溉技术既不同于传统淹灌和在此基础上发展起来的湿润灌溉技术，它突破了稻田的水层管理旧框框；也有别于近期国内外介绍的非充分灌溉（或称缺水灌溉，限制性灌水）。湿润灌溉的上限为灌水层，下限为土壤饱和含水量或稍低。而控制灌溉的灌水上限仅为饱和含水量，下限在田间持水量以下，返青后田间无灌水层。非充分灌溉是在有限水资源条件下，通过减少灌水定额扩大灌溉面积，以适当减少单产追求整体最大效益。控制灌溉则是减少灌溉供水，控制土壤水分，在增产的同时节约水量。因此，控制灌溉在节水幅度、稳定单产和整体效益方面均优于非充分灌溉和湿润灌溉技术。另外，水稻控制灌溉技术，发挥了水稻根系层水分调节作用，减少了无益的水量消耗，使稻田根层土壤具有较强的调蓄功能，改变了传统灌溉条件下稻田的生态环境，使水稻体与环境的协调处于最佳状态，达到了高产节水的目的。

第二节　技术特点

一、改变了传统的灌溉理论

传统灌溉是以作物全生育期均给予根层土壤充分的水分，且充分满足作物需水为前提的，认为在农作物生育期内，如果不能够给作物根层土壤充足的水分，就必将导致农作物的减产。控制灌溉技术试验研究结果显示，农作物仅仅在其关键需水期，才必须充足或较为充足地供应水分；在非关键需水期，就不必充分供水。按照农作物各个生育期对水分的敏感程度，调节土壤水分的合理供应，能有效地减少作物无效蒸腾量、棵间蒸发量和田间渗漏量，水稻田间耗水量明显降低，不仅没有减产，反而有益于增产。

二、符合高产水平水稻需水规律

由需水量计算公式和彭曼（Penman）原理可知，作物需水量与产量密切相关，当作物蒸发蒸腾量达到潜在腾发量时，获得最高产量。换言之，当土壤供水条件发生变化，蒸发蒸腾量减少时产量就会降低。然而，控制灌溉的水稻在获得高产的同时，田间耗水量及蒸发蒸腾量均大幅度下降。

图 5-1 中显示，在蒸发蒸腾量较大的分蘖、拔节孕穗和抽穗开花三个阶段，控制灌溉使得水稻蒸发蒸腾量明显降低。淹水灌溉的水稻田间渗漏量，从返青期到分蘖期急剧增加至最大值，左右了水稻田间耗水量的高峰。在各主要生育阶段，控制灌溉的田间渗漏量远小于淹水灌溉的，呈逐渐下降趋势，改变了有水层条件下大量渗漏耗水状况，渗漏量大幅度减少。

不同灌溉制度的水稻蒸发蒸腾量（也称需水量），也有所不同（具体见表 5-1）。淹水灌溉处理的水稻蒸发蒸腾量在拔节孕穗期最大，因此时正值水稻生长旺盛阶段，过量

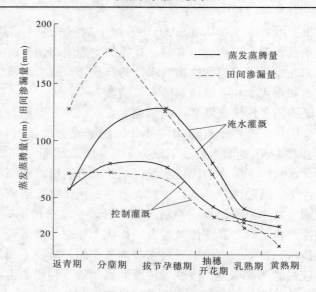

图 5-1　水稻蒸发蒸腾量和田间渗漏量变化过程

的叶面蒸腾和棵间蒸发，无益于水稻蹲苗，影响抗倒伏性能和高产。控制灌溉则在满足水稻植株有效生长的同时，限制了生长旺盛期的蒸发蒸腾，稻体生长理想，全生育期蒸发蒸腾量无明显高峰。分析两种处理的蒸发蒸腾过程和田间渗漏量变化过程线可知，淹水灌溉的水稻在分蘖期前后田间渗漏量峰值和拔节孕穗期蒸发蒸腾量峰值一起，形成了淹水灌溉的水稻幅宽峰高的耗水峰值。与之相反，控制灌溉的水稻田间渗漏量则呈现出单向减少，与蒸发蒸腾过程基本同步，合成的耗水量变化过程线呈平缓下降趋势，削去了淹水处理的大峰值，节水显著。曲线表明，控制灌溉有效地控制了水稻大部分生育阶段的叶面蒸腾和棵间蒸发，使田间渗漏量大幅度减少，其变化过程线揭示了高产节水型灌溉技术下水稻新的耗水规律。

表 5-1　不同灌溉技术水稻耗水量多年平均值　　　　　　（单位：mm）

灌溉方式	项目	叶面蒸腾	棵间蒸发	田间渗漏	田间耗水量	说明
淹水	数值	330.5	125.5	542.9	998.9	
灌溉	减少（%）	—	—	—	—	
浅水	数值	337.5	108.8	437.5	883.8	
灌溉	减少（%）	−2.1	13.3	19.4	11.5	均与淹水灌溉
湿润	数值	317.7	103.2	372.6	793.5	处理对比
灌溉	减少（%）	3.9	17.8	31.4	20.6	
控制	数值	214.9	97.6	279.2	591.9	
灌溉	减少（%）	35.0	22.2	48.6	40.7	

　　各生育阶段水稻需水模数（阶段需水量/总需水量）变化也是显示了这一新规律（见表 5-2）。

　　从需水强度来看，控制灌溉水稻全生育期田间耗水强度为 5.69 mm/d，少于淹水灌溉的 9.48 mm/d。其中，蒸发蒸腾强度为 3.01 mm/d，渗漏强度为 2.68 mm/d，分别比淹水灌溉处理减少了 1.25 mm/d 和 2.54 mm/d。也就是说，控制灌溉使水稻全生育期平均每天少消耗水量 3.79 mm/d，说明通过实施控制灌溉技术，可以使水稻主要耗水途径朝着节水高产方向发展，这对水资源紧缺地区具有很重要的意义。

表 5-2　水稻各生育阶段需水模数　　　　　　　　（%）

灌溉方式	返青期	分蘖期	拔节孕穗期	抽穗开花期	乳熟期	黄熟期	全生育期
淹水灌溉	12.9	25.1	28.5	17.9	9.5	6.1	100
控制灌溉	18.0	25.5	24.3	13.8	10.5	7.9	100

有关文献报道，亚洲 7 个国家 43 个地方，一季灌溉稻耗水量强度为：蒸腾强度 1.5~9.8 mm/d，棵间蒸发强度 1.0~6.2 mm/d，渗漏强度 0.2~15.6 mm/d。控制灌溉的水稻需水强度多年平均数值为：蒸腾强度 2.07 mm/d，棵间蒸发强度 0.94 mm/d，渗漏强度 2.68 mm/d，均处于上述范围内下限左右，也能说明控制灌溉技术的先进性和节水的优越性。

蒸发蒸腾强度和渗漏强度变化过程（见图 5-2、图 5-3）显示，控制灌溉处理的水稻蒸发蒸腾强度呈下降趋势，尤其在拔节孕穗和抽穗开花两个耗水高峰时期，控制灌溉处理的水稻蒸发蒸腾强度无大的起伏，削去了淹水灌溉的峰值。在返青期和分蘖期，控制灌溉处理的渗漏强度远小于淹水灌溉处理，其他各生育期也是控制灌溉为优。

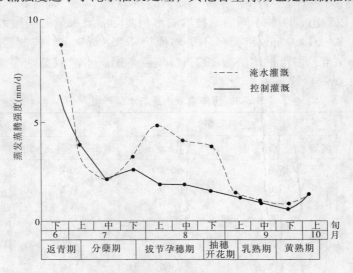

图 5-2　水稻蒸发蒸腾强度

不同灌溉处理水稻需水量及其变化规律分析表明，采用控制灌溉后，水稻全生育期田间土壤水分状况的变化，使主要耗水组成部分均有明显改善，其叶面蒸腾、棵间蒸发和田间渗漏均显著减少，使稻体和生长环境的协调处于较佳状态，高产稳产和增产节水作用较佳。

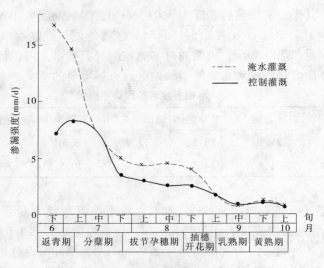

图 5-3　稻田渗漏强度

三、有效地减少了水稻灌溉用水量

水稻的灌溉用水量，取决于水稻的需水量和其生育期的有效降水量。一般而言，水稻需水量愈多，则水稻灌溉用水量就愈多；而生育期有效降水量愈多，则水稻灌溉用水量就愈少。

从表 5-3 可以看出，两种不同灌溉技术的水稻实际灌溉水量差别很大。淹水灌溉的灌溉水量为 364.9～514.9 m³/亩，多年平均值为 463.8 m³/亩。控制灌溉的灌水量为 187.1～262.1 m³/亩，多年平均值为 222.8 m³/亩，比淹水灌溉节约灌溉用水量 241.0 m³/亩，节水 52.0%。

表 5-3　历年灌溉水量与水稻产量

年份	控制灌溉		淹水灌溉	
	灌溉水量（m³/亩）	产量（kg/亩）	灌溉水量（m³/亩）	产量（kg/亩）
1982	225.4	566.8	514.1	563.1
1983	215.6	695.9	492.7	631.9
1984	216.8	616.7	482.7	551.1
1985	187.1	632.1	—	—
1986	262.1	663.6	364.9	586.6
1987	227.7	673.0	424.1	595.0
1988	212.7	536.1	—	—
1989	234.8	690.6	504.3	549.5
平均	222.8	634.4	463.8	579.5

淹水灌溉的水稻本田生长期灌水次数为 23 次，其中 6 月份 5 次，7 月份 9 次，8 月份 6 次，9 月份 3 次。控制灌溉的水稻本田期平均灌水 10 次，其中 6 月份 3.3 次，7 月

份 2.7 次，8 月份 2.7 次，9 月份 1.3 次。控制灌溉的灌水次数比淹水灌溉的少 13 次，且灌水定额比淹水灌溉小得多。所以，控制灌溉技术具有明显节约灌溉用水量的特点。

对比水稻田间耗水量的降低幅度和实灌水量的降低幅度可以看出，灌水量降低的幅度为水稻田间耗水量降低幅度的 1.3 倍，说明控制灌溉技术更能充分利用天然降雨量。历年试验中水稻生长期内的气象条件变化比较大，水稻生长期内的降水量为 190.2 ~ 544.6 mm，最大值是最小值的 2.86 倍，其相应的降水频率为 47.0% ~ 95.2%，并经受了 1988 年的严重干旱以及 1985 年雨量偏丰的实际考验，结果证明上述控制灌溉技术的节水效果是可靠的。

四、实现了水稻高产基础上的再增产

高产水稻的生长应符合最佳生长状态的要求，也就是水稻根系发育良好，保持较高的活力，群体结构好，茎秆粗壮，抗倒伏，叶面积指数增减过程合理，特别是成熟期，能保持有较多的功能叶片，穗大、实粒多、千粒重高。

控制灌溉技术对水稻的根系生长、株型及群体结构形成，具有较好的促控作用，实现了水稻高产基础上的再增产。从表 5-3 中水稻产量的对比分析可知，淹水灌溉的水稻产量为 549.5 ~ 631.9 kg/亩，多年平均值为 579.5 kg/亩。控制灌溉水稻的产量为 536.1 ~ 695.9 kg/亩，多年平均值为 634.4 kg/亩，比淹水灌溉的水稻增产 54.9 kg/亩，增产 9.5%，历年的增产幅度在 0.7% ~ 25.7%，均高于淹水灌溉处理。

五、提高了稻米品质

采用控制灌溉的稻米品质有了明显提高。1985 年经山东农业大学中心化验室分析，糙米的粗蛋白含量在 10% 以上，比淹水灌溉的稻米（同一种品种的稻谷）提高了 22.8%，达到了优质大米的标准。1989 年又经南京农业大学中心化验室作了进一步分析化验（见表 5-4），组成蛋白质的 17 种氨基酸的总和以及 7 种人体必需的氨基酸含量均明显高于淹灌稻米。半必需氨基酸有精氨酸和组氨酸两种，这两种氨基酸人体的合成能力较低，在生长发育时部分要由食物来补充，特别是对于婴儿更为必需。控制灌溉的稻米中，半必需氨基酸含量也高于淹灌稻米。

表 5-4　米质化验成果总表（占糙米干重）

项目	淹水灌溉	控制灌溉
粗蛋白（%）	9.64	10.15
粗脂肪（%）	2.52	2.29
17 种人体必需氨基酸（%）	9.822 3	10.467 2
7 种人体必需氨基酸（%）	3.633 2	3.930 3
2 种人体半必需氨基酸（%）	1.130 5	1.444 8
维生素 B_2（mg/kg）	4.7	6.3
维生素 B_6（mg/kg）	12	11

注：1. 色氨酸由于送试样品量少，未能测定。
　　2. 表中淹水灌溉的稻米，其粗蛋白含量明显偏高，可能是由于从 1982 年进行试验以来，一直是用控制灌溉水稻所生产的稻谷进行留种的。虽然 1989 年采用淹水灌溉技术作对比，但是，所用的稻种仍然受积累了 7 年控制灌溉条件下所种植的水稻品种的影响。

在植物蛋白中，赖氨酸含量相对较低，会使食物蛋白质合成为机体蛋白质的过程受到限制成为限制氨基酸。根据南京农业大学的化验分析，控制灌溉的稻米赖氨酸含量为0.702 8%，比淹水灌溉的稻米赖氨酸含量0.396 4%提高了77.3%，使稻米中蛋白质的必需氨基酸相互间的比值较为合理，从而大大地提高了稻米蛋白质中必需氨基酸的可利用率，提高了稻米的营养价值，达到了优质营养型稻米的要求。

六、水稻水分生产效率成倍提高

消耗每单位水量所生产的稻谷质量称为水稻水分生产效率，这一指标可用于衡量水资源利用效率。而以单位灌溉水量所生产稻谷质量计算的水稻灌溉水生产效率，则可用以衡量属同一降水量范围内的灌区所采用灌溉技术的先进性和合理性，比较它们的增产节水效果。由历年试验结果（见表5-5）分析可知，控制灌溉的水稻水分生产效率多年平均值达 1.602 kg/m³，比淹水灌溉处理高出 0.72 kg/m³，提高了81.6%。采用淹水灌溉的水稻灌溉水生产效率多年平均值为 1.270 kg/m³，而控制灌溉的水稻灌溉水生产效率达到了 2.515~3.378 kg/m³，多年平均值为 2.864 kg/m³，比淹水灌溉的多年平均值提高了 1.26 倍。因此，大面积推广运用这项新技术，仅从水稻灌溉用水量这一部分来分析，就可减少 1/2 多的灌溉用水量，这对缓解我国水资源供需紧张的矛盾，具有十分明显的现实意义。

表 5-5　历年水稻水分生产效率　　　　　　　　　　　　　　　（单位：kg/m³）

年份	控制灌溉		淹水灌溉	
	水分生产效率	灌溉水生产效率	水分生产效率	灌溉水生产效率
1982	1.371	2.515	0.802	1.095
1983	2.005	3.228	0.958	1.282
1984	1.356	2.845	0.763	1.142
1985	1.576	3.378	——	——
1986	1.419	2.532	1.006	1.608
1987	1.652	2.956	0.909	1.403
1988	1.579	2.520	——	——
1989	1.858	2.941	0.853	1.090
平均	1.602	2.864	0.882	1.270

七、有效地利用了水稻生育期的光热资源

作物体内的液态水由根系从土壤中吸收，经过根、茎、叶的输导，再汽化成气态水从叶片气孔中逸散到大气中去。在这个过程中要消耗作物体内能量，汽化潜热随温度而变化，每汽化 1 g 水，在 15 ℃时约需消耗 2 466 J 的热量，在 30 ℃时需要消耗 2 424 J 的热量。

根据试验分析，水稻在本田全生长期内，淹水灌溉的水稻植株蒸腾量为 361.8 mm，控制灌溉的水稻植株蒸腾量为 251.8 mm，两者相差 110 mm，按汽化潜热 2 424 ~ 2 466 J/g 计算，控制灌溉比淹水灌溉的水稻仅植株蒸腾一项，每亩水稻就可以减少4 253.3 ~ 4 326.7万 cal[1] 的热量消耗。

水稻植株的能量来源于其生育期内的日光辐射，通过稻体的光合作用将太阳能转化为化学能，并积累于稻体中。所以，减少了水稻植株无效蒸腾引起的热能消耗，能更有效地利用水稻生育期的光热资源，从而促使水稻增产、优质。

八、减少了田间渗漏量及土壤肥力的流失

在进行对比试验研究中，不同灌溉技术试验小区的施肥品种和数量相同，但土壤肥力却随不同灌溉技术而发生变化（见表5-6）。

表 5-6　土壤肥力取样化验结果

灌溉方式	有机质（%）	全氮（%）	速效氮（mg/L）	全磷（%）	速效磷（mg/L）	速效钾（mg/L）
淹水灌溉	1.28	0.117 2	98.57	0.060 0	21.3	137
控制灌溉	1.35	0.122 1	103.97	0.062 9	32.5	160
增减（%）	+5.5	+4.2	+5.5	+4.8	+52.6	+16.8

由于采用控制灌溉技术，田间渗漏量大为减少，溶于水中的土壤养分流失必然随之减少，也减少了根层土壤中细颗粒土的流失，这对保持根层土壤的肥力和土壤的结构都具有明显的作用，对减少面污染和灌区地下水污染都有一定的作用。所以，控制灌溉技术是一项既有经济效益和社会效益，又有生态环境效益的灌溉新技术。

九、具有显著的节能效果

在提水灌区，水稻生长期灌溉用水量的大幅度降低，也节约了灌溉用电量，节能、省工，减少工程投入的效果十分显著。淹水灌溉的用水量大，耗油耗电多，控制灌溉的用水量小，从而节约了能源。据 1992 年济宁市沿南四湖的四个县、区统计，共推广应用控制灌溉技术的水稻面积为 50.76 万亩，节约灌溉用电量为 285.2 kWh，取得了十分明显的节约能源效果。

十、投入少而收益高

推广应用控制灌溉新技术的实际投入，主要是技术培训费用，宣传会议费用，向广大农户发放明白纸的费用，以及在田间增设必要测水量水设施费用。根据济宁市实际大面积推广运用这项新技术的情况，折合亩投入仅 0.2 元，而每亩推广运用所取得的直接经济效益为 62.88 元，投入产出比为 1:314，效益十分显著。

---

[1]　1 cal = 4.186 8 J。

推广这项新技术以后节约出的水资源量，可用来发展工农业生产，必将形成更大的社会效益。

综上所述，采用控制灌溉技术种植水稻，不仅节水、高产、优质、高效、节能、保肥，而且投入极少且效益显著。这项先进的新灌溉技术推广深受广大农民欢迎，具有广阔的应用前景。

第三节　技术实施要点

一、秧苗移栽

（一）移栽前的准备工作

冬小麦或其他前茬作物收割后，要先耕地晒垡。在泡田耕田前要施足底肥，尽可能施些有机肥，有条件的地方最好采用配方施肥。要整平田块，便于灌排，无积水。办法是先放少量水，待其湿透垡头时，用耙耙平，以水找平，再撒施化肥，同时使用除草剂。

（二）待泡浆沉实后再移栽秧苗

麦茬稻插秧，正值三夏大忙，时间紧、农活重、季节性强，部分农户只顾抢时间整地、泡田、插秧，而忽视了稻田泥浆的沉实，急于插秧，结果造成泥浆淤苗心，底部出现多层根，秧苗不见长，分蘖没指望。当天整田后泥浆悬浮，犁底层以上全是泥糊，若不待沉实就插秧，势必造成插浅了易倒伏、漂秧，插深了沉实的泥就有几分厚。从而造成插深的秧苗"深上加深"，泥土护心，稻根往往泥里起节，出现"两段根"、"三段根"，造成低位分蘖闷死，高位分蘖推迟，而且分蘖瘦弱，即使加强农业技术措施，也赶不上浅插秧苗的长势。所以，插秧时一定要注意泥浆沉实，薄水浅插。

（三）插前施碳铵要把好技术关

秧苗移栽前施碳铵作基肥，应特别注意施肥时间及撒施的均匀程度，否则会造成大面积或连片的枯叶死苗。一定要注意施肥技术，最好施肥时间在插秧的前一天，严格掌握施肥的数量和撒施的均匀度，以避免因施肥过量和不均匀造成烧苗。

二、薄水促返青

水稻返青期经历 6 ~ 8 d，控制灌水上限水层为 25 ~ 30 mm。如遇晴天，尤其在阳光暴晒的中午，要求薄水层不过寸，不淹苗心，最好田不晒泥。如遇干旱缺水，下限值也应控制在饱和含水量或微露田（饱和含水量的 90%）以上。

水稻秧苗移栽后，根系受伤未能恢复（还没扎住根），吸收养分的能力较弱，如果水分供应不足，难以保持植物内的水分平衡。麦茬稻插秧时间一般在 6 月 20 日左右，正值干旱少雨季节，晴天多、日照长、光照强度大、气温高、水面蒸发量大，此时缺水，易导致叶片永久萎蔫，甚至枯死。所以，必须使灌薄水满足水稻的生理生态需水，加速返青，提前分蘖。

稻田的底肥及返青肥量约占全生育期总施肥量的 60%，如渗漏量大，使肥料流失严重，特别是对尿素中所含的氮素流失更为明显。由于尿素施入稻田后，不能立即被水稻吸收利用，需要转化成硝态氮和铵态氮后，才能发挥肥效，其分解转化速度，与气温等条件有关。试验观测分解转化的大体历时是：平均气温 10 ℃时约 10 d，20 ℃时约 7 d，30 ℃时 2 ~ 3 d。转化成碳铵后，易被土壤胶体颗粒吸附固定，才不易随水流失。而在转化之前灌深水容易造成氮素大量流失。据多年多点调查，深水施尿素，肥效利用率仅有百分之十几，而控制灌溉的肥效利用率可超过 30%。所以，控制灌溉具有显著减少肥料（尤其是速效化肥）流失的作用，大大提高肥效利用率，减少面污染。

三、分蘖期

分蘖期控制灌溉的标准是：上限控制在土壤饱和含水量（即汪泥塌水），下限控制在饱和含水量的 50% ~ 60%。该生育期大体经历 30 d 左右，此期的灌水方法与淹灌大不一样。淹水灌溉在分蘖末期才开始晒田，而控制灌溉在分蘖前期就进行干湿露田。主要做法概括为：前期轻控促苗发，中期中控促壮蘖，后期重控促转换。

（一）前期轻控促苗发

每次每亩灌水量 10 ~ 15 m³，以后自然干到田不开裂。当土壤含水量小于或等于下限值时才进行下一次灌水。土壤含水量的测定方法，可用简易取土称重法或中子土壤水分仪测定，无条件时也可用表 5-7 目测法估计。

表 5-7　田面土壤含水量目测法

稻田状况	土壤含水量（%）	占饱和含水量（%）
汪泥塌水陷脚脖	36.6	100
田泥粘脚稍沉实	30 ~ 31	81 ~ 84
不粘手、不陷脚	24 ~ 25	66 ~ 68
地板硬、轻开裂	19 ~ 20	52 ~ 55

注：土壤为中壤，比重 2.67，干密度 1.35 g/cm³，孔隙度 49.4%，田间持水量 27%，有机质 1.5%，全氮 0.08% ~ 0.09%，速效氮 100 ~ 150 mg/L，全磷 0.6%，速效磷 15 ~ 25 mg/L，速效钾 150 mg/L。

在插秧后的 20 d 左右，最迟不超过一个月，亩苗量能达到亩有效分蘖数的要求，才能形成一个较好的群体结构。所以，从插秧以后到分蘖前期的田间管理非常重要。应采取培育适龄带蘖壮秧、精整大田、增施底肥，以及按土壤肥力化验进行配方施肥、科学控制灌水等措施，促使秧苗早生长、早返青，争取较多的前期低位分蘖，培育足够数量的粗壮大蘖，构成合理的群体结构。

（二）中期中控促壮蘖

一般认为水稻壮蘖应是低位分蘖，叶片刚劲，株型整齐，角质层厚实，挺拔自立；叶色深绿，氮素代谢旺盛，能形成合理的群体结构，病虫害少。因此，在做好前期栽培管理措施的基础上，本期应控制好上、下限标准。上限为饱和含水量，下限控制在饱和含水量的 65% ~ 70%，一般年份灌水次数不多，如雨水过多，还要注意适时排水。

（三）后期重控促转换

水稻分蘖后期，将由营养生长开始转向生殖生长，稻株对养分的吸收也开始发生变化，对氮磷的吸收趋向减少，对钾的吸收趋向增大，大分蘖生长加快，小分蘖逐渐枯萎，叶面积指数也趋向增大。为了防止无效分蘖的滋生，根层土壤含水量下限值应按偏低控制，一般为饱和含水量的60%。这时正逢汛期，降雨次多量大，地下水位高，应特别注意适时排水，及时晒田，使表土层呈干旱状态，减少水稻根系对氮素的吸收。使叶片变硬而色淡，抑制无效分蘖的滋生，有利于巩固和壮大有效分蘖，增强土层透气性能，使稻根扎得深，促进根系发展，叶的生长受到控制，叶色略黄。使水稻茎秆粗壮，抑制节间过量伸长，增大秸秆充实度，提高后期抗倒伏能力，减少各种病虫害的发生和蔓延。使土壤中氧气增加，地温升高，促进好气性细菌的繁殖，抑制嫌气性细菌的活动，限制了根层土壤中有毒有害物质的产生，加快有机质的分解，提高土壤肥力。

应根据稻苗生长状况和土质、肥料、气候条件等因素确定控制的适宜时间和程度。具体做法是：一看苗量，当达到亩穗数要求后进行重控。二看苗势，稻苗长势过旺，封垄过早，应早重控，反之则可迟些重控。三看叶色，叶色浓绿应早控，叶色轻浅可迟控或轻控。四看天气，天气阴雨连绵应早排水抢晴天露田。五看肥力，土质肥沃及地下水位高的田块要早控；反之，土质差，沙性重、保水能力弱、前期施肥又不多的稻田应轻控。

适时适度地控制土壤水分，是水稻发育过程中生理转折的需要，拔节后至穗分化前尤为重要，能促使根群迅速扩大下扎，调整稻作生理状态，由分蘖期氮代谢旺盛逐渐转向碳代谢，有利于有机物质在茎秆、叶鞘的积累和向幼穗转移，达到抑氮增糖、壮秆强根，为灌浆结实创造必要的条件，具体的控制露田标准如表5-8所示。

表5-8　控制露田标准

类别	水稻田面状况	稻田含水量占饱和含水量（%）
轻控	田面沉实，脚不沾泥	70
中控	踩踏无脚印，地硬稍裂纹	60
重控	田面遍裂纹，宽度1~2 cm	50

不同的控制标准，对生理转折的调控作用也不同。轻控可上、下并促，重控是控上促下。分蘖期末经合理控制后的稻苗，应具有"风吹稻叶响、叶尖刺手掌、叶片刚劲厚、叶色由深转淡、基部无枯叶、秸秆铁骨样"的长相。

四、穗分化减数分裂期

水稻的穗分化减数分裂期是生育过程中的需水临界期，这个时期的稻株生长量迅速增大，根的生长量是一生中最大的时期，稻株叶片相继长出，群体叶面积指数将达最高峰值，水稻的生长也已经转移到穗部。所以，水稻对气候条件和水肥的反映比较敏感，稻田不可缺水受旱，否则易造成颖花分化少而退化多、穗小、产量低。

按照本期水稻生长发育的特点，确定该期的主攻方向为：促进壮秆、大穗，促使颖花分化，减少颖花退化，为争取较理想的亩穗数、穗粒数、结实率、千粒重打下基础。具体做法如下：

（1）适时确定灌溉日期。用下述 3 种方法确定时间，可做到适时灌水。①根据抽穗日期定减数分裂时间。对当地粳稻而言，减数分裂开始的时间一般在抽穗前 15 d 左右。②以水稻剑叶的出现定日期。当稻株最后一个叶刚长出以后的 7 d 左右，正是稻穗迅速猛长时间，上部很快发育，日增长量也逐渐增大。③剥稻穗、量穗长定时间。采用对角线五点取样法，选有代表性的稻株剥其穗、量长度，当穗伸长到 8 ~ 10 cm 时为花粉母细胞减数分裂期。

（2）在巧施穗肥的基础上，此阶段灌水上限为饱和含水量，下限占饱和含水量的 70% ~ 80%，灌一遍水，露几天田。应注意逢雨不灌，大雨排干，调气促根保叶。

五、抽穗开花期

水稻抽穗开花期光合作用强，新陈代谢旺盛，是水稻一生中需水较多的时期，稻株体内的生理代谢逐渐转移到以碳素代谢为主，增加叶鞘、茎秆内的淀粉积累，以保证营养转向谷粒生长，为抽穗后提高结实率创造条件。此时缺水将会降低光合能力，影响有机物的合成运输及枝梗和颖花的发育，增加颖花的退化和不孕。因此，要合理调控土壤中水、氧关系，尽力保护根系，延长根系生命，保持根系活力和旺盛的吸收功能，维持正常新陈代谢能力。以期养根保叶，迅速积累有机物，提高水稻结实率。

此阶段控制灌溉采取灌水至汪泥塌水（即饱和），露一次田 3 ~ 5 d，土壤水分控制下限为饱和含水量的 70% ~ 80%，照此方法灌水 10 ~ 15 d。

对低洼易积水的黏土田，应注意适时排水，避免稻根生长速度陡然下降及根系活力迅速减弱。这种田抽穗开花期虽然表面没有水，土壤湿度大，仍然能满足水稻生理生态需水。但如不注意排水露田，长期积水，稻田土壤呈还原状态，嫌气性微生物活动旺盛，使稻田土壤的有机质转化为腐殖质，产生一些有毒物质，且易形成冷浸、烂泥田、土壤通气不良，造成根黑腐臭，影响根系吸水吸肥，茎秆柔软、稻叶枯黄、谷粒空瘪、千粒重低而减产。

六、灌浆期

水稻生育后期管理措施不可忽视，否则易造成大幅度减产。据测定，上部叶片（即剑叶、倒二叶、倒三叶）所形成的碳水化合物占稻谷碳水化合物总量的 60% ~ 80%，积累的干物质重占水稻一生中总干物质量的 70% 左右。上部叶片（指倒三叶）制造的有机物基本上送给了稻穗，不再向下输送，下部叶片所制造的养分向根部和下部节间输送。因此，要养稻根、保三叶（剑叶、倒二叶、倒三叶）、长大穗、攻大粒。

此阶段控制灌溉的具体做法是跑马水、窜地皮、田面干、土壤湿、3 ~ 4 d 灌一次水。控制灌溉有利于通气，养根，保三叶，促灌浆，提高粒重和产量，使水稻后期具有"根好叶健谷粒重，秆青籽实产量高"的长相。

七、控制灌溉水稻施肥法

（一）水稻全生育期可采用"两头"施肥法

所谓"两头"，就是两个关键施肥期。第一个施肥期的基本做法是：重施基肥，早施追肥。泡田前施有机肥 2 500 ~ 5 000 kg/亩，磷肥 25 ~ 50 kg/亩，碳酸氢铵 25 ~ 50 kg/亩，有条件还可增施一定数量的饼肥。早施追肥也就是早施返青肥、分蘖肥（尤其注意底肥施用量不足的地块，更应早施、多施），可在插秧后的 10 d 左右，两次亩施肥量计 15 ~ 20 kg 尿素，返青肥可在插秧后 3 ~ 5 d，分蘖肥可在插秧后 7 ~ 10 d。另外，每一次施肥的时间和数量还要"看天、看地、看苗"而定。第二个关键施肥期，即结合减数分裂期浇水施穗肥。每亩施尿素 5 ~ 7.5 kg（时间为抽穗前 15 d 左右）。两头施肥法较为符合水稻生长发育和生理转折的需要，是较为合理的施肥方法。

（二）巧施穗肥能增产

巧施穗肥是按照水稻生理转折的需求而采取的增产措施。实践证实，施穗肥并不会使节间伸长，叶面积指数也不会扩展过大，因为这时水稻的株型已经定型，施肥仅能促进剑叶生长，是比较安全的。施穗肥可减少颖花遇化，增加结实率和千粒重，是一项提高水稻产量较为理想的措施。但是，在水稻后期施肥，技术上要把握一个巧字；否则，会适得其反。具体做法是：穗肥一定要在中期稳长"落黄"的基础上，才能施用，如果到成熟仍不"落黄"，就不施。中期"落黄"施穗肥应掌握三点：①定时间，抽穗前 15 ~ 18 d（麦茬稻大约 8 月上旬）。②看叶色，以叶色衡量长势，预测长相的信号，决定水稻各生育阶段应采取的栽培管理措施，叶色浓绿不施。③定肥量，一般以叶色"落黄"程度而定，控制在 5 ~ 7.5 kg/亩。

第六章　水稻薄露灌溉

水稻薄露灌溉是形象化的名称，薄是指灌溉水层尽量薄，一般在 20 mm 以下，水盖田即可；露是指田面经常露出来，即轻度搁田，不长期淹水。薄露灌溉是灌薄水和常露田互相交替。

第一节　技术原理

薄露灌溉本质是向稻田既补充水分，又补充氧气，同时满足水稻根系生长对水分和氧气的需求。

土壤中维系作物生长的水、肥、气、热四大要素中，水是最活跃的，也是最容易控制的要素。以水调肥，肥随水走，肥料只有溶化在水里才能被作物吸收，控制土壤水分即可调节肥料释放的速度，当然灌水太多，肥料就会随水流失。以水调气，土壤中水分与气体彼此消长，灌水太多则氧气就少，控制水量以增加氧气。以水调热，水的热容量比土壤大得多，控制水分可以调节土壤温度。

灌薄水是为土壤补充水分，薄灌是为了常露。常露田是为土壤补充氧气，露田就是田面无水层，接触空气，交换气体，即吸氧气，释放有害气体，所以有的专家又把薄露灌溉称为好气灌溉。

第二节　技术特点

20 世纪六七十年代提出的水稻"浅灌勤灌"，与长期淹灌相比是一个历史性的进步，但这种灌溉方法"定性不定量"，没有明确的灌水定额，特别是一个"勤"字，还是使水稻从插秧到收割田间一直不断水。后来提出了"晒田控制无效分蘖"与"后期干干湿湿"等措施，晒田控制无效分蘖措施提出了何时晒、晒到何种程度等具体指标，而后期干干湿湿这种措施就没有明确标准。这种灌溉制度有 80% 以上的时间田间不断水，仍处于淹灌状态。长期淹灌的最大弊病，就是土壤通透不良，腐殖质化容易产生大量的有机酸、酮等中间产物和亚铁、硫化氢、甲烷等还原性有毒物质，对作物及土壤中的微生物产生毒害作用，尤其对水稻的根系造成伤害，使根系活力下降，减弱根系对水分和养分的吸收，严重影响水稻生长发育及产量。

薄露灌溉改变长期淹灌的状态，有效改善水稻的生态条件，具有增产、优质、节水、减少农业面源污染等综合效益，是水稻栽培技术的一次革命！

一、促进优质高产

（一）土壤通气增氧，改善根系生长环境

薄露灌溉在水稻移栽后的第 5 天就落干露田，一般早稻露田 9～12 次，晚粳稻12～

16 次。露田时土壤水分减少，空气进入土壤孔隙，露田结束灌溉时，水中所含的氧气又随水分充入土壤孔隙并吸附在土壤中，增加土壤的氧气含量。随着淹水时间的延长，氧溶解减少，土壤中有机质的腐殖化产生还原性物质，逐渐造成缺氧。土壤水的溶解氧测定结果见表 6-1。灌水后当天含氧量为 7.8 mg/L，此后逐天减少，到第 5 天时仅为 0.6 mg/L，以后则测不到含氧量。多次测定的规律大体相同，即灌后到第 6 天，土壤中的含氧量已耗尽。这还与土壤性状和肥力有关，黏性土壤和有机质含量较高的农田，溶解氧的消耗较快。因此，水稻薄露灌溉技术要点提出：连续淹水超过 5 d 就要排水落干露田。实际上，第 5 天落干露田，根层土壤通过蒸发、渗漏，到土壤脱水，还需继续露田数天，空气才能进入土壤中。按要求每次灌水 20 mm 形成的稻田水层，不可能维持 5 d，只有遇到连续降雨，田间水量渐增，淹水才会超过 5 d，这时则要排水露田。

表 6-1　土壤水的溶解氧测定结果　　　　　　　　（单位：mg/L）

第 1 天 (6 月 7 日)	第 2 天 (6 月 8 日)	第 3 天 (6 月 9 日)	第 4 天 (6 月 10 日)	第 5 天 (6 月 11 日)	第 6 天 (6 月 12 日)
7.8	5.1	2.9	1.3	0.6	0

研究中对薄水层和深水层的含氧量也做了测定。在大气压力和风的波动作用下，空气中的氧不断充入表面水，但不易进入较深的水层。测定结果显示，薄露灌溉比深灌的水层含氧量高 1 倍以上。

薄露灌溉不仅使土壤通气，减少还原性物质，而且促进了好气性微生物的活动，促进有机质的矿物质化，有利于根系健康生长。根系生长好，吸收水分和养分的功能强，能促进地上植株的茎、叶生长粗壮挺拔，所以薄露灌溉有强根法之称。

根据分蘖末期、抽穗期与黄熟期多次根系调查结果分析（见表 6-2），薄露灌溉比淹水灌溉的单株总根量多 7 条，白根量占总量的 63.8%，多 16 条；黄根量占总量的 24.1%，少 5 条；黑根量占总量的 12.1%，少 4 条。同时，薄露灌溉的稻苗根和茎比较粗壮。

表 6-2　早稻根系调查

灌溉方式	总根量 (条/株)	白根			黄根			黑根			平均根径 (mm/10 根)
		根量 (条/株)	占总量 (%)	根粗 (mm/10 条)	根量 (条/株)	占总量 (%)	根粗 (mm/10 条)	根量 (条/株)	占总量 (%)		
薄露灌溉	58	37	63.8	9.6	14	24.1	7.8	7	12.1		9.3
淹水灌溉	51	21	41.2	7.3	19	37.3	5.7	11	21.6		8.1

余姚市示范点 1993 年 7 月 22 日早稻收割时根系调查结果显示，薄露灌溉与淹水灌溉相比较，单株水稻根系多 5 条，其中白根多 12 条，黄根少 2 条，黑根少 5 条，平均根粗大 0.12 mm，单株根系鲜重大 0.6 g，干重大 220 mg。

各推广区根系调查结果均表明，薄露灌溉与淹水灌溉的水稻根系具有较明显优势，充分显示了薄露灌溉技术的强根法特点，根系旺、茎叶茂，为高产打下基础。

（二）分蘖早、快，成穗率高

秧苗移栽大田后第 5 天便落干露田，采用除草剂的稻田在移栽后第 9 天左右落干露田。分蘖期至少有 2 次以上的露田，以增加土壤根层的通气增氧，促使根系迅速生长，吸收土壤中的养分功能强，分蘖就早且快（参见图6-1）。一般在移栽后的 15 d 左右分蘖强度最大，分蘖高峰比淹灌提前 5 ~ 7 d 出现，基本上是第一、二分蘖，分蘖早，节位低，成穗率高（见表6-3）。

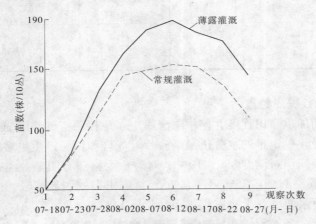

图6-1　水稻不同灌溉方法分蘖动态曲线

表6-3　分蘖强度与有效穗率调查（晚稻）

灌溉方式	平均日分蘖量（株/丛）	最高苗数（万株/亩）	有效穗数（万穗/亩）	有效穗率（%）
薄露灌溉	0.54	37.9	29.6	78.1
淹水灌溉	0.41	38.4	28.1	73.2

薄露灌溉水稻分蘖早、快，日平均分蘖强度比淹水灌溉大 0.13 株/丛，成穗率比淹水灌溉高4.9%，亩增加稻穗一般在 20 000 个以上，增产率约8%。

（三）吸收养分多，为大穗创造条件

薄露灌溉田间水肥流失少，肥料利用率提高，在孕穗初期，比淹水灌溉的水稻平均单株茎粗（离地面10 cm 处）大0.8 mm。水稻剑叶挺拔，厚实挺笃，穗大粒多，产量高。单株叶面积各生育阶段都比淹水灌溉水稻大，前期分蘖快且早，叶面积大，后期养根保叶，功能叶好，单株绿叶面积亦大。中期单株面积仍然是薄露灌溉的大，但无效分蘖少，叶面积指数反而小于淹水灌溉水稻。良好的叶片功能和合理的叶面积指数，反映出薄露灌溉的水稻能更有效地利用叶绿素吸收太阳光的能量，积累更多的有机物质。

分析表6-4 中薄露灌溉与淹水灌溉水稻叶面积和干物质调查结果，可以看出，叶面积高峰时，尽管薄露灌溉的单株叶面积比淹水灌溉大 19 cm^2，但因无效分蘖少，叶面积指数反而小1.0。收割时薄露灌溉的单株叶面积比淹水灌溉大 24 cm^2，叶面积指数亦大

1.2，单株叶面积大，叶面积指数合理，光合效率提高。孕穗期薄露灌溉比淹水灌溉的水稻干物重大 4.4 g/丛，因此薄露灌溉的增产潜力大。据浙江省各示范点统计，平均穗粒多 4~16 粒，穗粒多形成的增产率在 4% 左右，增产潜力大。

表 6-4　叶面积、干物质调查（晚稻）

| 灌溉方式 | 叶面积 | | | | 孕穗期干物质重（g/丛） |
| | 高峰时 | | 收割时 | | |
	单株叶面积（cm²）	指数	单株叶面积（cm²）	指数	
薄露灌溉	134	7.6	71	3.1	34.3
淹水灌溉	115	8.6	47	1.9	29.9

（四）养根保叶，提高粒重

薄露灌溉的后期加重露田程度，使根层土壤更多地接触空气，增强根系活力。当复灌薄水后，有效地吸收一定量的水分供最后三片叶光合作用，产生更多有机物。落干露田时，有效地减少田间相对湿度 8%~10%，对防止纹枯病有明显效益，一般发病率减少 30% 以上，病情减轻 11%~25%（见表 6-5）。病虫害的明显减轻，使得 3 片功能叶生长健康，增加了灌浆速度，干物质积累多。

表 6-5　早稻纹枯病害调查（余姚市，成熟期）

| 灌溉方式 | 调查总数（片） | 纹枯病等级 | | | 发病率（%） | 病情指数 |
		0 级	1 级	2 级		
薄露灌溉	252	241	9	2	4.4	0.026
淹水灌溉	258	156	82	20	39.5	0.240

早稻和杂交晚稻的千粒重每增加 1 g，每亩增产 15~20 kg。粳稻千粒重每增加 1 g，能增产 10~15 kg/亩。根据各示范点统计，薄露灌溉比淹水灌溉增加千粒重 0.8~1.4 g，个别甚至增加 3 g 左右，这方面的增产率在 2% 左右。

薄露灌溉的水稻增产由有效穗多、穗粒多、千粒重大这三方面构成。1993 年浙江省 7 个示范水稻产量对比统计，平均每亩增产 114.6 kg，增产率 14.0%（见表 6-6）。

表 6-6　浙江 7 个示范点水稻产量对比（1993 年）

| 地点 | 面积（亩） | 稻别 | 产量（kg/亩） | | | 增产率（%） |
			薄露灌溉	淹水灌溉	增产值	
义乌市巧溪水库灌区	2.5	早稻	497.5	395.0	102.5	25.9
		晚稻	525.0	451.0	74.0	16.4
金华县树柿弄	1.1	早稻	334.3	299.6	34.7	11.6
		晚稻	488.9	425.6	63.3	14.9

续表6-6

地点	面积（亩）	稻别	产量（kg/亩）			增产率（%）
			薄露灌溉	淹水灌溉	增产值	
衢州市铜山源水库灌区	3.4	早稻	332.7	278.1	54.6	19.6
		晚稻	401.2	353.7	47.5	13.4
余姚市低塘镇	2.0	早稻	497.0	433.0	64.0	14.8
		晚稻	502.7	428.0	74.7	17.5
平湖市中山村	1.6	早稻	535.0	505.0	30.0	5.9
		晚稻	466.3	432.5	33.8	7.8
宁波市鞍山抽水机站	3.7	早稻	498.7	451.2	47.5	10.5
		晚稻	498.0	454.0	44.0	9.7
嵊州市江东村	1.6	早稻				
		晚稻	513.0	437.2	75.8	17.3
平均		早稻	449.2	393.6	55.6	14.1
		晚稻	485.0	426.0	59.0	13.8
合计					114.6	14.0

（五）优化稻米品质

薄露灌溉技术还提高了稻米的品质，据余姚市请中国水稻所化验的结果，糙米率提高 2.96 个百分点，精米率提高 3.28 个百分点，蛋白质含量提高 1.0 个百分点，赖氨酸含量提高 0.012 个百分点，粗脂肪含量减少 0.07 个百分点（见表6-7）。

表6-7　不同灌溉方法米质检验结果（品种：758）

项目	标准	薄露灌溉	淹水灌溉	提高百分点
糙米率（%）	>79	81.16	78.2	2.96
精米率（%）	>70	74.07	70.79	3.28
蛋白质含量（%）	>8	11.3	10.3	1.0
赖氨酸含量（%）		0.435	0.423	0.012
粗脂肪含量（%）		2.89	2.96	-0.07

（1）土壤含水量影响作物产品质量。根据苏联科学家研究结果，土壤含水量影响农作物的产品质量，作物蛋白质的含量与土壤含水量成反比，淀粉、脂肪的含量与土壤含水量成正比。薄露灌溉使水稻生长期土壤含水量较低，故使米质蛋白质含量增加，而淀粉含量相应减少，脂肪含量也降低。

（2）呼吸作用减弱。作物白天主要进行光合作用，把水和二氧化碳转化成以淀粉为主的有机物和氧气。夜间主要进行呼吸作用，吸入氧气，呼出二氧化碳，分解有机物并释放能量。呼吸作用随温度的下降而减弱，白天阳光充足，气温较高，光合作用旺盛，制造的有机物多，夜间气温低，呼吸作用弱，分解的有机物少，这样"一多一少"积累的有机物就多，农作物的产量就高，品质就好。昼夜温差大的地区作物品质好，东北的大米质优，新疆葡萄特别甜就是这个道理。

水稻薄露灌溉，大部分时间田面没有水层，土壤及田间小气候日夜温差加大，稻米品质优化也不难理解了。

二、节约灌溉水量

（一）减少蒸发蒸腾量

薄露灌溉多数时间田面无水层，露田的天数占大田生长期的 50% ~ 60%，有效地减少了水面蒸发，淹水灌溉的水面蒸发变成了薄露灌溉的土面蒸发。由于土壤水分渐渐减少，根系吸收水分不充分，降低了蒸腾速率，同时薄露灌溉的无效分蘖明显减少，也减少了无效叶面蒸腾。蒸渗仪中有水层与无水层（土壤水饱和）的蒸腾蒸发值测试结果表明，经过 4 d 耗水，有水层的蒸发蒸腾量为 22.6 mm，无水层的蒸发蒸腾量为 16.8 mm，无水层比有水层减少蒸发蒸腾量 5.8 mm，减少率为 34.5%。

（二）减少渗漏量

薄露灌溉经常露田，露到一定程度时，土壤中重力水减少，相对的垂直渗漏量也减少。按灌溉试验规范要求埋设的无底、有底、淹灌、薄露灌溉四种组合的 A、B、C、D 测筒，连续 12 d 观测结果见表 6-8。

表 6-8　测筒测试土壤渗漏量　　　　　　　　　　　　（单位：mm）

月-日	A 测筒 (水面蒸发)				B 测筒 (水面蒸发与渗漏)				C 测筒 (土面蒸发)				D 测筒 (土面蒸发与渗漏)			
	水位	降雨	灌水	排水	水位	降雨	灌水	排水	水位	降雨	灌水	排水	水位	降雨	灌水	排水
09-03	30				30				土壤水饱和				土壤水饱和			
09-08		18.8				18.8				18.8		13.0		18.8		6.0
09-15	25.5				11.0						12.8				15.3	
耗水量	23.3				37.8				18.6				28.1			

薄露灌溉减少的田间垂直渗漏量为：

$$(B - A) - (D - C) = 14.5 - 9.5 = 5 (mm)$$

即比淹水灌溉减少渗漏量 5 mm，减少率为 34.5%。

（三）提高降雨的有效利用率

一般而言，有水层的稻田遇降雨大多从田间溢出，有效利用雨量较少。薄露灌溉因田间水层很小或露田土壤水分亏缺，遇雨不仅补充土壤水分亏缺量，田间还可蓄水，降雨利用量较多。梅雨季节，薄露灌溉对降雨的利用率更高。一般薄露灌溉比淹水灌溉的雨量利用率提高 20% ~ 30%（见表 6-9）。

　　据1993年浙江省7个示范推广点灌溉水量对比分析（见表6-10），平均每亩节省灌溉水量138.3 m³，节水率达43.7%。

　　浙江省2001～2003年4个薄露灌溉试验站的灌溉定额平均为310.7 m³/亩，比淹水灌溉节省99 m³/亩（单季晚稻），节水率24%，见表6-11。

　　灌溉水生产率、耗水量生产率分别提高0.55 kg/m³、0.28 kg/m³，提高率分别为29.7%、23.7%，参见表6-12。

　　由于水稻蒸发蒸腾量和田间渗漏量的显著减少，降雨有效利用率的提高，薄露灌溉的用水量大幅度降低。

表6-9　雨量利用和灌溉水量（晚稻）

灌溉方式	耗水量（mm）	雨量（mm）			灌溉定额	
		降雨量	利用雨量	利用率（%）	mm	m³/亩
薄露灌溉	482.6	234.7	166.4	70.9	316.2	210.8
淹水灌溉	596.9	234.7	124.7	53.1	471.9	314.6

表6-10　浙江省7个示范推广点灌溉水量对比（1993年）

地点	面积（亩）	稻别	薄露灌溉		淹水灌溉		节水量（m³/亩）	节水率（%）
			次数（次）	水量（m³/亩）	次数（次）	水量（m³/亩）		
义乌市巧溪水库灌区	2.5	早稻	4	73.0	6	155.0	82.0	52.9
		晚稻	4	86.0	6	144.0	58.0	40.3
金华县树柿弄	1.1	早稻	1	27.0	4	97.0	70.0	72.2
		晚稻	5	49.8	10	124.8	75.0	60.1
衢州市铜山源水库灌区	3.4	早稻	2	31.0	11	84.0	53.0	63.1
		晚稻	4	208.8	12	300.1	91.3	30.4
余姚市低塘镇	2.0	早稻	5	127.7	7	219.4	91.7	41.8
		晚稻	5	77.7	7	117.7	40.0	34.0
平湖市中山村	1.6	早稻	8	81.0	14	180.0	99.0	55.0
宁波市鞍山抽水机站	3.7	早稻	7	121.3	11	173.8	52.5	30.2
		晚稻	11	110.0	14	143.3	33.3	23.2
嵊州市江东村	1.6	早稻						
		晚稻	5	88.0	8	172.0	84.0	48.8
平均		早稻	4.5	76.8	8.3	151.5	74.7	49.3
		晚稻	5.7	103.4	9.5	167.0	63.6	38.1

表 6-11　薄露灌溉灌溉定额　　　　　　（单位：m³/亩）

试验站名称	项目	2001 年		2002 年		2003 年	
		薄露灌溉	淹水灌溉	薄露灌溉	淹水灌溉	薄露灌溉	淹水灌溉
金清	泡田定额	76.2	70.0	52.0	52.0	61.3	61.3
	本田期定额	109.1	143.3	127.4	208.8	271.5	360.8
	总灌溉定额	185.3	213.3	179.4	260.8	332.8	422.1
永康	泡田定额	70	70	12.7	12.3	48.7	48
	本田期定额	143.7	192.8	114	121.3	264.9	319.3
	总灌溉定额	213.7	262.8	126.7	133.6	313.6	367.3
平湖	泡田定额			80.9	89.8	53.4	53.4
	本田期定额			265	305	294.5	325.9
	总灌溉定额			345.9	394.8	347.9	379.3
余姚	泡田定额			33.4	33.4	92.0	92.0
	本田期定额			158.3	221.8	156.3	378.1
	总灌溉定额			191.7	255.2	248.3	470.1
平均	总灌溉定额					310.7	409.7

表 6-12　薄露灌溉水生产率　　　　　　（单位：kg/m³）

试验站名称	项目	2001 年		2002 年		2003 年		多年平均	
		薄露灌溉	淹水灌溉	薄露灌溉	淹水灌溉	薄露灌溉	淹水灌溉	薄露灌溉	淹水灌溉
金清	灌溉水生产率	2.72	2.32	2.36	1.54	1.94	1.47	2.34	1.78
	耗水量生产率	1.59	1.45	1.18	0.93	1.54	1.27	1.44	1.22
永康	灌溉水生产率	2.69	2.02	4.58	4.28	1.86	1.56	3.04	2.62
	耗水量生产率	1.51	1.20	1.82	1.72	1.36	1.25	1.56	1.39
平湖	灌溉水生产率			1.74	1.47	1.69	1.52	1.72	1.50
	耗水量生产率			1.35	1.13	1.73	1.43	1.54	1.28
余姚	灌溉水生产率			2.75	1.80	2.28	1.18	2.52	1.49
	耗水量生产率			1.38	0.84	1.22	0.81	1.30	0.83
平均	灌溉水生产率							2.40	1.85
	耗水量生产率							1.46	1.18

三、减少肥料、农药流失量

目前，我国肥料和农药的利用率仅 30% ~ 40%，其中大部分随雨水流入河道、污染环境。薄露灌溉使雨水利用率提高，田间流失水量减少，稻田的肥料和农药流失就减少，肥料利用率提高，可以降低肥料和农药使用总量，这从源头上减少了农业面源污染的总量，对改善水环境具有重要意义。

第三节　技术实施要点

一、技术要点

薄露灌溉技术归结起来，主要应掌握下列 4 点：

（1）一般每次灌水在 20 mm 以下，对于表面不平的稻田则要灌 30 ~ 50 mm，原则是水盖田面即可。

（2）每次灌水后都应自然落干露田，露田的程度要根据水稻生育阶段的需水特性而定。

（3）遇梅雨季节和台风期连续降雨，如田间淹水超过 5 d，要排水落干露田。

（4）防病治虫和施肥时，应服从农艺需要并满足防治病虫害和施肥需要的水量。

在特殊情况下要改变灌溉水层，如早稻移栽时，遇冷空气南下，出现低温（15 ℃以下一般作物停止生长），由于移栽的秧苗通过拔、洗、插，根系严重受损，活力很差，容易受冻，灌水层要从 20 mm 增加到 50 mm 左右，深水层能阻挡夜间低温侵入表土根层，经试验实测，深灌比薄灌提高表土温度 1 ℃左右。移栽时遇到高温，也要深灌降温，如早稻 28 ℃以上和晚稻 32 ℃以上气温，秧苗容易被高温灼伤，出现稻叶卷筒，叶片枯白等败苗，造成生育期延长，分蘖迟缓，成穗率降低。遇高温时，除尽量做到傍晚插秧外，还要深灌。实测资料证明，深灌比浅灌可降低根层土温 4 ℃左右。

要特别指出，在防治螟虫时，水层应比平常深一些。如薄露灌溉每次灌水在 20 mm以下，当防治螟虫时，在施药之前田间水层必须灌至 30 mm。螟虫在水面之上咬破茎壁，钻入茎内吸取叶汁，破坏叶心，叶片便枯死，有的地方称"枯心苗"。所以，施药前先灌水至螟虫虫口上沿，施药后农药随水进入虫口，将螟虫杀死。如果仍用薄露灌溉方式，农药不能进入洞内，防治效果就不好。

近年不少地方采用抛秧种植。由于抛秧的稻苗没有返青期，不受低温与败苗的威胁，而且薄露灌溉能促使抛秧的稻苗根系深扎，后期抗倒伏，因此薄露灌溉也完全适合于抛秧种植。

二、具体方法

为便于农民记忆，薄露灌溉方法可以简单表述为：

每次灌水尽量薄，半寸左右"瓜皮水"，

灌水以后须露田，后水不可见前水。

灌溉水层同样薄，露田程度有轻重：

返青期间应轻露，将要断水就灌水；

分蘖末期要重露，"鸡爪缝"开才灌水；

孕穗至花开，对水最敏感，

怕干不怕薄，活水不断水；

结实成熟期，露田要加重，

间隔"跑马水"，裂缝可抽烟。

根据水稻生长期，露田分为三个阶段：

（1）前期应前轻后重。它是移栽后经返青期和分蘖期至拔节期，主要为营养生长阶段，拔节期转入生殖生长。该阶段首先要明确第一次露田的日期与程度，最佳时间是移栽后的第 5 天，田间已成自然落干的状况最为理想。若田间尚有水层，则要排水落干，表土都要露面，没有积水，肥力稍好的田还会出现蜂泥，说明表土毛细管已形成，氧气已进入表土，此时可复灌薄水，如此一直至分蘖后期。在分蘖量已达 30 万丛/亩，或每丛分蘖已有 13 ~ 15 个，且稻苗嫩绿，还有分蘖长势的情况下，要加重露田，可露到田周开裂 10 mm 左右，田中间不陷足，叶色退淡。此时切断土壤对稻苗根系的水分与养分的供应，使稻苗无能力分蘖，这叫重露控蘖。拔节期仍每次露田到开微裂时再灌薄水。

薄露灌溉容易长草，应使用除草剂除草。移栽后第 4 ~ 5 天应施下除草剂，并要保持 4 ~ 5 d 的水层。若水层保持不到 4 ~ 5 d，自然落干效果也可以，因落干后药剂粘在土面上，草芽同样会死亡。采用药物除草，先要灌足能维持 4 ~ 5 d 的水量，则采用除草剂的稻田第一次露田时间要推迟 4 ~ 5 d，也就是要在移栽后的第 9 或 10 天才可第一次露田，这次露田程度可重一点，与不用除草剂的第二次露田程度一样，即当表土开微裂时再灌薄水。

（2）中期应轻搁不断水。孕穗期与抽穗期的茎叶最茂盛，是需水高峰期，只要土壤水分接近饱和就能满足此时期植株的生理需水量。所以，落干程度比前期略轻，每次露田到田间全无积水，土壤中略有脱水时就复灌薄水，尽量不要表土开裂。此时期如遇雨，要打开田缺，自然排水，田间不能产生积水。遇纹枯病爆发时，除及时用药物防治外，可加重露田，以降低田间相对湿度，有利于抑制纹枯病等病害。

（3）后期应重搁"跑马水"。水稻进入乳熟期与黄熟期渐渐转入衰老，绿叶面积随之减小，蒸腾量亦慢慢减少。但水稻还需一定的水分，以供最后三片叶的光合作用，制造有机养分，并把土壤中的养分与植株各部位积存的有机养分输送到穗部。这就要求根系保持一定的活力，达到养根保叶。该时期要加重露田程度，使氧气更易进入土壤中，减少有毒物的产生，保持根系活力，才能使茎叶保持青绿。乳熟期每次灌薄水后，落干露田到田面表土开裂 2 mm 左右，直至稻穗顶端谷粒变成淡黄色，即进入黄熟期，落干露田再加重，可到表土开裂 5 mm 左右时再灌薄水。

（4）收割前应提前断水。经多次试验证明，断水过迟会延迟成熟，造成割青而影响产量。断水过早会造成早衰，灌浆不足。所以，断水过迟或过早都会造成减产，且米质易碎，整米性不高，出米率低。提前断水时间与当时的气温、湿度有很大关系。气温高、湿度大，提前断水时间短一些，相反则长一些。如果气温高、天晴干燥，早稻适宜提前 5 d 断水，晚稻宜提前 10 d 断水。如气温不高，经常阴雨，早稻提前 7 d、晚稻提前 15 d 断水。

第七章　水稻浅湿调控灌溉

第一节　技术原理

　　浅湿调控灌溉的浅湿是指土壤水分状况而言，调控是指对水稻用水的调节和控制，即每隔一定时间，3～5 d 到 10 余 d 灌水一次，是浅水与湿润周期性反复的一种灌水方法。调节这种水分状况的灌溉技术是间歇灌溉，所以也称浅湿间歇灌溉。浅湿灌溉的内涵是浅湿交替、间歇灌水和促控结合，其要点是浅灌与湿润结合，适时晒田，其目的是保证水稻高产、稳产，提高水稻的水分生产效率。在水稻返青成活后，灌 3～5 cm 浅水层自然消耗，土壤呈一定的湿润状态，再灌下一次水，后水不见前水，两次灌水的间歇时间根据稻田的保水性能、土壤肥力水平、苗的生育情况及降水等气候条件而定，形成几水几落。

　　浅湿灌溉从传统淹水灌溉发展到水层、湿润、晒田的稻田水分状况，要求因土、因时、因苗制宜，浅、湿、干灵活调节。该技术节水效果明显，方法简单实用，农户操作简单，是北方一季粳稻几十年栽培试验研究总结出来的一种行之有效的水稻高产、高效灌溉模式。

一、水稻浅湿调控灌溉节水的理论依据

　　水稻的需水量包括生理需水量和生态需水量两方面，它们是水稻栽培和灌溉管理的基本依据。根据土壤—植物—大气连续系统原理，浅湿调控灌溉节水的原理是：通过灌溉调节土壤水分的能量状态，调控根系吸水，从而控制了水稻的蒸腾消耗，进而影响水稻的需水量。在浅湿灌溉条件下，由于水稻生态系统中最活跃的因素——土壤水分状况的改变，将会导致所有其他环境因素及其生态作用发生变化。

　　（1）水稻田间渗漏量降低。浅湿间歇灌溉条件下渗漏量的降低包含两个方面：一是稻田有水层时，浅水层的低水头导致渗漏强度下降。试验表明，即使在耕作多年已形成入渗率很小的犁底层的灌区，当稻田的水层厚度从 6 cm 增加到 16 cm 时，也会使入渗率增加到原来的 1.5 倍。而浅湿灌溉在设计灌水定额时，灌水上限要求的水层一般比较浅，为 3～5 cm，平均水层深度的降低使渗漏水头减小，因而渗漏强度下降。二是浅湿灌溉条件下，前次灌水自然落干后，下次灌水前中间有一段无水层的间歇期，该时段的自由排水通量显著低于有水层时的渗漏量。无水层第 1 天为 2.0 mm/d 左右，第 2 天为 1.5 mm/d，第 3 天为 1.1 mm/d 左右，第 4 天为 0.9 mm/d 左右。从理论上来说，田面无水层的天数越多，持续时间越长，渗漏量减少的幅度越大，但应根据水稻各生育阶段的特性设置好灌水下限，防止下限过低，如田面出现较大干裂缝且向下发育较深时，

会导致下次灌水渗漏量反而更大。

（2）根系周围土壤进入根系的水力梯度改变，无效蒸腾和棵间蒸发减少。土壤水分进入根系的阻力增大，也使根系吸水更加困难，从而减少了水分的无效消耗。此时，由于稻田空气湿度减少，根据水气扩散理论，大气的潜在蒸发蒸腾能力反而更强，植物体内很快形成了水分胁迫现象。这种由于灌溉方式改变而引起的生态系统改变，必然引起土壤—植物—大气水分传输系统内的水分梯度调整及水稻其他生理功能的变化。此时，土壤水分不足或受到控制，气孔部分或全部关闭，以保存水分。而水稻特有的低气体扩散阻抗特性，使气孔在部分关闭时叶片仍能保持一定的光合速率，从而使作为气体入口和水分出口的气孔运动规律得到重新协调，减少了水分的无效蒸腾。稻田棵间蒸发主要发生在地表，并与表层土壤含水量的高低密切相关。当表层土壤含水量较高时，棵间蒸发主要受制于气象条件；当表层土壤含水量相对较低时，蒸发不仅受制于气象的影响，而且还受土壤水分的限制，表层土壤含水量越低，土壤的蒸发阻力就越大。浅湿灌溉条件下，由于稻田无水层时表层 0～5 cm 土容易干燥，蒸发阻力变大，棵间蒸发量将减小 25%～35%。

二、浅湿灌溉调控水稻生长发育的理论基础

人类从长期的农业栽培实践中逐渐认识到作物本身存在着控制机理，这是生物学研究的一大进步。作物环境系统是一个开放的系统，生物要保持自己的生存，就必须和环境进行物质、能量和信息的交换，维持动态平衡。近半个世纪以来，国内在水稻的优化栽培和调控技术方面的研究已取得进展。依据土壤—植物—大气连续体（SPAC）原理，土壤水分状况和根系吸水是一切作物生长的总开关，因此节水灌溉对水稻的影响起着更为重要的作用。

（一）浅湿灌溉的内涵是促控结合

几乎所有的农作物生长过程中都有促进和控制相结合的问题。合理耕作、改良土壤、施肥、灌溉等一切增产措施都起到对作物生长的促进作用。但为了达到预期的经济产量和效益，在作物生长过程中的一定时期，往往又要予以调节、控制。调控的手段就是通过节水造成一定程度的水分亏缺。水稻是具有高度自动调节能力的生态系统，在各生育阶段通过不同程度的土壤水分调节，使水稻个体和群体、地上和地下、各部器官得到协调的生长发育，为高产、稳产奠定有利的物质基础。其实，我国古代稻作就有了以促控求高产的历史记载。在分蘖末期晒田就是一例。远在 6 世纪 30 年代成书的《齐民要术》中已有晒田的记录。17 世纪初成书的《沈氏农书》中对晒田的重要性有如下论述："六月不干田，无米莫怨天。唯此一干，则根脉深远，苗干苍老，结秀成实，水旱不能为患矣。"可见晒田是水稻促控结合的典型经验。

现代水稻高产栽培提出的理想型稻作和水稻生长调控技术，与晒田经验是一脉相承的。显然水稻栽培上促进和控制是一对矛盾，而促控结合就是这一对矛盾的对立统一。杨守仁（1980 年）对促控结合有精辟论述。在水稻生育过程中，促进是控制的前提，有促才有控，促进是矛盾的主要方面。但在一定条件下，控制又可能起决定性作用，可

见它们的主次地位是可以转化的。水稻生长不好，当然应该多促进，因而也就越要控制。但越是想要高产越要促进，因而也就越要控制。有时用促进的方法可以达到控制所能达到的目的，如促使根系发达和茎秆粗壮，就有助于预防倒伏。有时用控制的方法又可以达到促进所能达到的目的，如控制无效分蘖就有助于形成壮秆大穗和提高结实率，而且控上可以促下，即对地上部分是控制而对地下部分则是促进；表面上对分蘖是控制，而对茎叶坚挺又是促进；对现在是控制，而对以后又有所促进。目前，在水稻生产上晒田措施的应用已较普遍，但对于促控结合在水稻高产栽培上的重要性及其辨证运用，还需要提高认识。

（二）促控的实质是水肥结合

肥必须溶于水才能为水稻吸收利用。因此，肥效能否充分发挥，肥效高低与水有密切的关系。水稻需要肥，也需要水。水和肥要协调，要配合得好。同样数量的肥，水深、水浅，或是土壤湿、干程度不同，肥效就有差别，所以水不仅影响到有收无收，也影响到收多收少。

稻田的肥力因素包括水、肥、气、热，其中水是矛盾的主要方面。因为可以做到以水调肥，以水调气，以水调温。对稻田水分状况进行调节，就可以实现对水稻生育的促控，可以说"水是肥料的总开关"。凡肥田、旺苗，进行排水晾田就可以起到向土壤供氧，发达根系，蹲苗稳长的作用；凡瘠薄田、缺肥田就不宜干田，应保持浅水灌溉，起到以水带肥的作用。在接近有效分蘖末期够计划茎数时，就应晒田，如遇降雨，要彻底排水。

水稻要高产就要用促控相结合的办法，使植株长得清、秀、老、健。具体来说，就是要结合灌水施好蘖肥、穗肥和粒肥，以促进营养生长和生殖生长。适时晾田、晒田或干干湿湿，以增强根系活力，求得水稻株型和生理作用的改善，防止倒伏和病虫害。

水可以调节肥力。肥料施得多，水稻容易旺长，实行浅湿灌溉，结合防露晾田或晒田，就起到蹲苗稳长的作用。如果稻田长期淹水，土壤缺氧，以致还原性物质积累，将使稻根发黑，不能吸肥。经过浅水、晾田、晒田，土壤通气，水稻长出白根，就可以吸收营养了。

现代科学实践已经证明，水稻的叶片、叶鞘和节间可采取水肥管理措施有计划地促使其伸长或缩短。日本松岛省三曾经提出过理想型水稻的 6 个条件，其中以矮秆、多穗、短穗和顶三叶短、厚、直立为主要指标。由此提出两头促中间控的 V 字施肥法，实际应是 V 字灌水施肥法，因为没有水的作用，肥是不能单独发挥肥效的。我国水稻栽培从穗数型（多苗、多穗、高产）模式向穗重型（稀苗、大穗、高产）模式转化，施肥从"前促、中控、后保"发展到"前稳、中保、后养"，平稳促进。其中，具有促控结合的内涵，也是依靠水肥结合。在水分管理上采取前期浅灌或浅湿交替，中期晾田或轻度晒田，后期浅湿干交替，即所谓干干湿湿，更精细地促控，不大促大控，使整个水稻群体自始至终保持良好株型，生长稳健，实现高产稳产。

（三）促控的关键是要适度和创造节水灌溉条件

现代稻作提倡培育具有理想株型的水稻，通过促控结合的水肥管理，以取得高产稳产的经验证实了这个道理。试验证明，在抽穗前的 20～43 d 断水，可以促使碳氮代谢主次的顺利转移，收到控氮和积累淀粉的效果。这说明灌溉农业应在一定时期和一定条件下用水加以调控，不论从生物学还是从经济学角度来考虑，节约用水都是必要的。

灌溉实践证明，在一定的自然条件下，同一水稻品种，同一生育阶段，由于稻田水分状况不同，土壤供水能力不一样，根系从土壤中吸收水分的量不同，因而稻体内的水分布和细胞水的存在形式也不同，经过水稻自身的反馈调节，生理生态也有所变化。所以，通过调节土壤水分状况，是可以对水稻生长发育进行人工调节控制的。采取恰当的调控措施，可以提高水稻的生产力。从水与肥的关系来说，灌溉技术在促控结合中起主导作用。

水稻的浅湿灌溉是在水稻的非需水临界期进行有节制的供水，适度的水分亏缺（小于允许的低土水势的临界值），对水稻最终产量并不产生不良影响，却显著地提高了水分利用效率，并对调整生育、改善株型产生有利的影响，对水稻的生理作用如气体交换、能量交换和光合产物养分分配等也都产生有利的影响，使水稻各部器官生长发育协调，为大面积高产奠定了有利的物质基础。

第二节　技术特点

一、促进水稻的生育和成熟

据调查，浅湿灌溉条件下，田面无水层湿润状态时，土温昼夜变化较大。例如，分蘖期昼夜温差为 6.4～7.3 ℃，水层灌溉仅为 5.0～6.0 ℃；地面下 5 cm 土温昼夜温差前者为 4.2～4.6 ℃，后者为 3.8～4.2 ℃。土温日变幅增大可促进分蘖早生快发。在水稻生育后期，昼夜温差：湿润为 2.6～3.1 ℃，浅灌为 2.0 ℃。可见浅湿灌溉白天升温快，温度高，有利于稻株的光合作用；昼夜温差大也有利于干物质积累。另外，水稻自移栽至成熟，浅湿灌溉可使田间水积温增加 76.2～165.1 ℃，10 cm 土壤大于 10 ℃积温增加 43.2～63.5 ℃。这对水稻生育和加速后期成熟都有很重要的作用。

二、有效防止黑根和早衰

实行浅湿灌溉，创造了大气向土壤直接供氧的条件，连同前述的热状况改善，起到有效地增强根系活力的作用。这是地上部生长和创造产量的最重要的物质基础。

长期以来人们之所以习惯于淹水灌溉栽培，是由于水层具有调节温度、改善营养条件、抑制杂草生长、促进藻类微生物固氮和抑制有机质分解、保持土壤肥沃性等作用。但淹水灌溉栽培也存在许多问题，主要是对稻根生理功能的不利影响。淹水稻田，根系周围的氧气浓度急剧降低，在长期淹水条件下，CO_2 浓度增加，土壤氧化还原电位下降；当温度升高时，随着还原性的增强，过量地降低铁、锰含量和低级饱和脂肪酸及硫化氢等有毒物质的产生和积累，会阻碍根的生长，甚至发生黑根、烂根。虽然水稻茎内有通气组织向根部输送氧气，但土壤还原性增强，往往使水稻不能适应。

发生黑根的水稻（甚至根部土壤也变为黑泥，进而腐臭），吸收机能受到损伤，养分不足，稻株发育不良，不仅使光合作用不能正常进行，还会发生赤枯病、胡麻叶斑病等生理病害而导致减产。这是水稻产量达到一定水平后进一步提高产量时遇到的主要问题，是水稻产量生产发展中的一大障碍。浅湿灌溉改革传统的淹水灌溉栽培，改善土壤环境，增强根系活性，可以防止黑根和早衰，消除了水稻生产发展中的这一障碍。

三、改善水稻生长形态，促进生育适时转化

浅湿灌溉在水稻生育前期起到经常放露晾田的作用，促使根系发达，蹲苗稳长。中期晒田控制无效分蘖达到群体协调生长发育，植株呈丰产长相，顶三叶耸而直立，地面上一、二节间短，茎秆粗壮，增强抗倒伏和抗病虫害能力。在生育后期干干湿湿，收到以气养根，以根保叶的效果，使稻活根活叶成熟。浅湿灌溉，促控结合，还具有促使生育转化和提高结实率的效果。在生殖生长期，其叶面积指数、功能叶片数、一次蘖、冠根比、叶鞘比等指标，浅湿灌溉均优于长期淹水灌溉；在营养生长末期，浅湿灌溉植株的氮、磷、钾含量受到抑制，而有较强的叶水势，乳熟期浅湿灌溉使植株淀粉和纤维素含量增多，碳氮比增加，为籽粒制造大量碳水化合物创造了条件。

用 ^{15}N 同位素进行的示踪试验说明：浅湿灌溉使土壤及肥料氮有效性增强，并促进氮素向籽粒运转。这是浅湿灌溉增产的一个重要原因。

水稻孕穗后，生长中心由营养生长向生殖生长转化，吸收的氮分配中心也开始转移，浅湿灌溉穗粒中肥料氮的利用率高，可以促进生育适时转化。

四、调节生理、生态需水，实现省水增产

浅湿灌溉可以避免或减少田间水流失。浅湿交替中自然放露晾田，避免了不必要的明排水。由于占灌溉过程中 50% ~60% 以上的时间无水层，大大减少了土壤渗漏和提高降雨的利用率；同时，浅湿灌溉对水稻腾发量强度产生影响，也使水稻耗水量减少。据浑南灌溉试验站多年观测，浅湿灌溉的耗水量比浅灌减少 5.7% ~28.6%，1984 年辽宁省盐碱地利用研究所灌溉试验水量平衡分析说明，水稻的平均耗水强度，浅湿灌溉区为 7.54 ~8.52 mm/d，浅灌区为 9.19 mm/d，浅湿灌溉为浅灌的 82.0% ~92.7%。

五、既节水又能保持有利的土壤水盐平衡

在我国北方半湿润半干旱季风气候条件下，水稻浅湿灌溉可以保持有利的土壤水盐平衡。这首先是因为浅湿灌溉本身就是在轻度盐渍化土壤上试验成功的，并在推广应用过程中得到充分证明。

辽宁省盐碱地研究所在轻盐渍土上进行的长期定点取样分析说明（见表 7-1），在水稻生育中期晒田阶段浅湿灌溉 60 cm 以上土层盐分稍有增加，但都小于 0.15%，表土（0~20 cm）短时间土壤盐分稍有增加到 0.179% ~0.189%，灌水后即回降到0.125% 以下，在允许值范围内，对水稻没有危害。经过后期灌溉和降雨淋洗，到水稻成熟后撤水时，土壤含盐量已降到 0.13% 以下，基本恢复到常年的含盐水平。定位观

表 7-1 浅湿灌溉条件下的土壤盐分动态资料

年份	处理	层次（cm）	泡田前后盐分变化		晒田期土壤盐分和地下水变化			年内盐分变化（%）		年际间变化（%）	
			泡田前（%）	泡田后（%）	晒田期地下水位（m）	晒田后盐分（%）	复水后盐分（%）	撤水后	比泡田前增减	上年撤水时土壤盐分	与本年撤水时对比
1982	CK（浅灌）	0~20	0.122	0.107	0.07	0.176	0.121	0.129			
		20~40	0.152	0.113		0.118		0.148			
		40~60	0.121	0.105		0.110		0.114			
		60~80	0.119	0.117				0.118			
		80~100	0.109	0.124				0.110			
		CP	0.125	0.113				0.124	-0.001		
	浅湿灌溉	0~20	0.124	0.115	0.19	0.179	0.129	0.121			
		20~40	0.115	0.113		0.114		0.120			
		40~60	0.134	0.111				0.127			
		60~80	0.121	0.119				0.117			
		80~100	0.118	0.098				0.121			
		CP	0.122	0.111				0.122	0		
1983	CK（浅灌）	0~20	0.09	0.11	0	0.161	0.115	0.111		0.129	
		20~40	0.08	0.13				0.10		0.148	
		40~60	0.09	0.09				0.13		0.114	
		60~80	0.07	0.11				0.12		0.118	
		80~100	0.13	0.09				0.10		0.110	
		CP	0.09	0.106	0.08			0.112	+0.022	0.124	-0.012
	浅湿灌溉	0~20	0.08	0.11		0.189	0.125	0.11		0.121	
		20~40	0.08	0.13				0.11		0.124	
		40~60	0.1	0.11				0.12		0.127	
		60~80	0.09	0.096				0.11		0.117	
		80~100	0.1	0.09				0.13		0.121	
		CP	0.09	0.107	0.19			0.116	+0.026	0.122	-0.006
1984	CK（浅灌）	0~20	0.136	0.101		0.164	0.127	0.133			
		20~40	0.123	0.139		0.143		0.118			
		40~60	0.124	0.089		0.131		0.119			
		60~80	0.108	0.096				0.128			
		80~100	0.093	0.077				0.108			
		CP	0.117	0.1	0.07			0.121	+0.004	0.112	+0.009
	浅湿灌溉	0~20	0.11	0.102		0.186	0.120	0.119			
		20~40	0.124	0.11		0.118		0.088			
		40~60	0.117	0.125		0.125		0.110			
		60~80	0.126	0.121				0.071			
		80~100	0.126	0.150				0.11			
		CP	0.121	0.120	0.2			0.099	-0.022	0.116	-0.007

注：1983 年泡田前土壤盐分较低，是由于取样前降了 96 mm 的雨。

测还说明浅湿灌溉与浅灌的盐分动态是相近的，盐分变化的绝对值相差不大，盐分年际间变化也仅有第三位小数点的波动，足以证明浅湿灌溉可以保持土壤盐分动态平衡。这是因为插秧前的泡田洗盐已将土壤盐分降到允许临界值以下，又由于地下淡化层的隔盐作用（多年水稻的老稻田地下水表层 1～2 m 已经淡化），为防止或抑制土壤盐分的强烈向上积累创造了条件。在灌水间歇期间，又由于植株茎叶郁蔽，垄间土壤蒸发作用所引起的盐分累积是微小的，即使表土有一定程度的返盐，随之即被下次灌水所冲淡。加上缺水期后雨季淋洗，更有利于维持周年的盐分平衡。另外，浅湿间歇灌溉所造成的内排水和土壤水的再分布，起到显著的抑制或减少土壤蒸发的作用，对减少土壤返盐也是有效的。

第三节 技术实施要点

考虑到目前的水稻种植大多是以一家一户为单位进行的，各地稻田的土壤、肥力、地形、地势有所不同，选用的水稻品种也不尽相同，每年的降水量、温度等气象条件也有所变化。因此，为了使水稻生产达到稳产、高产、节水的目的，将浅湿灌溉土壤水分状况进行定量分析给定数量化指标，实行规范化、模式化的分类，如图 7-1 所示。种植户可根据各地的具体情况，具体分析，操作要有依据，充分保证灌溉质量，而不是笼统地定性描述和凭经验灌水，以适应水稻计划栽培的需要，达到省水增产的效果。

一、水稻浅湿调控灌溉的模式和性能指标

依据我国北方水稻的土壤和气候条件、现有的水稻品种和栽培技术以及水稻本身的需水规律和特点，稻田的浅湿灌溉（包括浅水淹灌）土壤水分调节可分为五种基本模式，以形象表征和数字指标标示在图 7-1 中。其中的灌溉模式意义说明如下。

A 型：表示水稻各生育阶段（分蘖末期晒田除外）都得到充分供水的淹水灌溉。它适用于中、重盐渍土和未经改良的瘠薄地。B 型（浅湿交替）、C 型（前浅湿、后浅湿干）和 D 型（浅湿干交替）分别表示水稻生育过程中不同时期不同程度节制供水的浅湿间歇灌溉，但土壤水分状态和节制程度有所不同。

B 型：浅湿交替，灌 3～5 cm 浅水，当水层消耗完了即灌水，土壤处于较湿的汪泥汪水状态。土壤水分指标前期为饱和含水量的 90%～100%，后期为 80%～90%。大体来说，土壤水分指标不低于饱和含水量的 80%。灌水间隔时间较短（一般为 1～3 d）。它适合于肥力一般或稍差的土壤。

C 型：浅湿干结合，在水稻有效分蘖期视苗情进行浅灌或浅湿交替，在抽穗后的成熟期浅湿干交替，乳熟前期以湿为主，乳熟后期以干为主。土壤水分指标前期为饱和含水量的 80%～90%，后期为 70%～80%。大体来说，土壤水分指标不低于饱和含水量的 70%。灌水间隔时间前期短（接近 B 型）、后期较长（接近 D 型），适合于肥力中等的土壤。

D 型：浅湿干交替，当浅水层消耗完以后，再过些时间，当土壤由湿变干时再进行

灌水，土壤水分指标前后期均为饱和含水量的 80% ~ 90%。灌水间隔时间较长（一般为 7 ~ 10 d）。它适合于土壤肥力较高和上等的土壤。

E 型：湿润灌溉，灌水不建立水层，土壤水分指标为饱和含水量的 60% ~ 90%，灌水间隔时间接近或超过 D 型，适用于低湿、还原性强的土壤。

不论哪种灌溉模式，当土壤水分能量达到图 7-1 中规定的允许指标（下限）即需灌水，黄熟期土壤饱和含水量的 80%（盐碱较重的土壤除外）。

二、水稻浅湿灌溉技术实施要点

（一）选择适宜的灌溉模式

灌溉首先要确定土壤的肥力等级，然后选定适宜的灌溉模式。根据灌溉模式规定的土壤水分指标（见图 7-1），因土、因时、因苗制宜，促、控、养结合，深、浅、湿、干灵活调节。一般情况下，分蘖末期达到计划株数够苗要晒田。晒田应灵活掌握，如遇降雨，要彻底排水；一般以发生细龟裂，人踩上有脚印为度。肥田、苗旺则宜晒田，以达到以水制肥的目的。瘠田、缺肥则不宜晒田，以达到以水带肥的目的。

（二）根据土壤水分指标进行灌溉

浅湿灌溉的土壤水分指标可以用土壤饱和含水量的百分数或者用土水势表示，图 7-1 显示了两者在辽宁地区普遍的对应关系。稻田淹水时土壤为饱和状态，不淹水时土壤水分用饱和含水量百分数表示，物理概念明确，便于操作。土水势是土壤中水分赖以存在和运动的势能。在稻田无水层时，由于土壤水分受土粒吸附和毛管引力作用，使水处于负压状态，此时土水势表现为土壤水吸力，用张力计可直接测得土壤负压，即土壤水吸力，吸力为正值，计算方便。土水势可以说明土壤的干湿程度，不受土壤质地的影响。土水势指标与饱和含水量百分数有机结合，为研究稻田土壤水分运动创造了有利条件。

（三）分层次进行田间水分管理

为了充分发挥浅湿灌溉的性能，提高灌溉质量，将田间水分管理分为三个层次（见图 7-1）：一是从土壤状态表征上观察来掌握，供农民放水员使用；二是按土壤水分指标来掌握，供科技人员和灌区管理人员使用；三是生产决策部门和灌区，利用多年资料建立的水稻产量模型，根据水源状况和气象预报资料，对灌区水稻生产的用水计划进行优化。

（四）灌水与生产进度和栽培技术密切结合

灌水与灌区生产进度和栽培技术必须密切结合，因此在图 7-1 中列出了水稻各生育期的水肥管理方向，水稻生育期是以辽宁省稻区为背景，各地在应用时应根据当地具体情况作适当修改。

（五）对稻田及灌排工程的要求

在浅湿灌溉条件下，提高灌溉质量的重要条件是田面必须平整，以保证水层均匀和土壤湿润均匀。通常要求田面高低差不超过 3 ~ 5 cm，有所谓"地平如镜"、"寸水不露泥"等说法。微地形经过平整的格田，可以减少淹灌水层的平均深度，灌水均匀，相

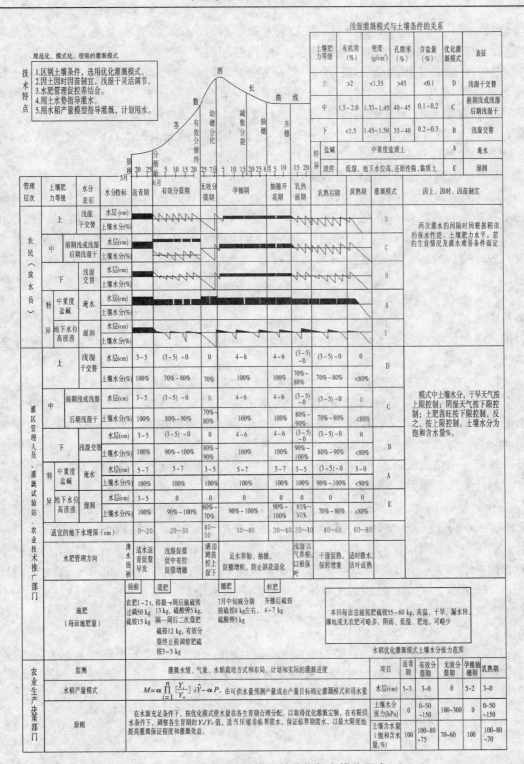

图 7-1　水稻浅湿调控灌溉性能指标和操作要求

应地减少了用水量。浅湿灌溉周期性的灌水和间断淹水，既节省用水又发挥一定的淋洗作用，保持盐分溶液浓度在一定范围内，维持有利的盐分平衡。

对灌区灌排工程的要求是：作物和土壤受水均匀；稻田应灌排配套，能灌能排，操作方便，做到田间水分状况浅、湿、干能灵活调节；有完整的回归水利用系统，能将稻田排水有效地再利用；能防止冲刷和水土流失，最大限度地减少渠道淤积；沟、路、林、田综合规划，适应高效率农业机械作业的要求，并向灌溉配水自动化过渡；盐碱地区达到适当的排水标准，能够渗透洗盐，控制根层盐分。

（六）水稻各生育阶段的灌水要点

水稻浅湿间歇灌溉制度本着"浅水栽秧、寸水活棵、浅水攻蘖、苗足烤田、足水长穗、薄水长粒、湿润灌浆、黄熟落干"的原则，要求做到"后水不见前水、充分利用雨水、按指标灌排水"。在实施中应根据不同生育期视天气、苗情、田脚情况灵活掌握其技术实施要点。水稻各生育阶段的灌水要点以当前应用较广的 B、C 模式进行说明。

（1）插秧至返青期：应浅水勤灌，灌水上限 3~5 cm，返青期不脱水，土壤水分下限为饱和含水量。为了防止淹水带来的缺氧危害，应采取的对策是培育优质壮秧，充分利用其吸水吸肥力强和本身通气组织的优势，由叶向根系输氧。可适当蓄雨，做到上不淹芯下不晒泥。

（2）分蘖始期到分蘖盛期：是决定水稻穗数和有效分蘖率的关键时期，应实行浅、湿、干（或浅、湿）交替间歇灌溉，以提高土温，调节土壤空气，达到以水调肥，以水促蘖的目的，间歇天数根据土壤肥力、苗情而定。每次灌水 3~5 cm，结合中耕追肥、除草，待自然落干、田面呈湿润状态再行灌水，即前水不见后水。土壤持水能力强、地肥、稻苗生长旺盛，其间歇时间可长些，待耕层土壤水分达饱和含水量的 90% 时，再行灌水；反之，灌水间歇时间短些，田面呈饱和状态时再灌水。

（3）分蘖末期：是水稻对水分不敏感，也是水稻一生中最耐旱的时期。采用落干晒田措施。对于分蘖率较强的品种，当有效分蘖率达到计划数的 80%~90% 时，开始落干晒田；当分蘖率较弱的品种达到计划数时，落干晒田。阴雨天、地肥、苗势旺的应重晒，一般晒 7~10 d，使耕层土壤水分降至饱和含水量的 70%~80%；反之，则轻晒，一般晒田 5~7 d，使耕层土壤水分降至饱和含水量的 80%~90%。

（4）孕穗期至抽穗开花期：建立浅水层，即每次灌水 3~5 cm，自然落干，再行灌水。

（5）生育后期：实行浅、湿、干交替间歇灌水，保持耕层干干湿湿，耕层土壤水分控制到饱和含水量的 80% 左右，直到黄熟停水。

第八章　其他水稻节水灌溉技术

第一节　水稻蓄雨型节水灌溉

灌溉是在天然降水不能满足作物需水的时候，通过水利工程设施将水送到田间，补充农田水分，以满足作物需水的要求。因此，提高降水的有效利用率是节水灌溉最首要的根本措施。全球水稻主要种植在降雨较丰沛的区域，因此提高稻田降雨利用率是水稻节水灌溉的主要措施之一。如果在常规水稻节水灌溉模式的基础上，在不影响水稻生长及产量的前提下，雨后适当增加田间蓄水深度，则可提高降雨利用率，减少灌水次数及灌水量，同时减少排水及农业面源污染的危害。

一、技术原理

水稻原产于热带亚热带的沼泽地区，植株细胞内的原生质较少，液泡小，因而含水较少，容易脱水受害；同时，稻叶细胞吸水力弱，根系在淹水条件下几乎不长根毛。因此，必须水分充足，才能保证根系吸水，满足叶片和其他部位正常生理活动的需要，这也是水稻喜水的生理原因。水稻还具有高度木栓化的外皮层结构，可以阻止土壤中还原物质进入细胞，所以水稻具有较强的耐湿能力，能在长期淹水的稻田中生长，这为采取蓄雨型灌溉模式奠定了基础。

灌溉是补充天然降水（对水稻灌区即降雨）的不足，从而促进作物高产高效，不仅包括节约灌溉用水，还包括把各种可以用于农业生产的水源都充分、合理地利用起来，提高水的有效利用率。所以，节省灌溉用水的首要任务就是提高天然降水的利用率。

为了充分利用降雨，在不影响水稻高产的前提下应尽可能多蓄雨水，以提高降雨利用率。平时可按各种节水灌溉模式进行灌溉，若遇降雨，不仅当成一次灌水，而且对于雨水形成的水层，可以允许超出灌溉水层上限标准。水资源愈紧缺地区，这种蓄雨型节水灌溉模式应用的意义愈高。研究表明，在水稻生长期允许适当深灌，将稻田当作一个临时水库，还可以起到抗洪、抗旱、保持水土、净化水质的作用。因此，这种模式不仅可以减少灌水量，而且也可以减轻排水负担，减少因为农田排水产生农业面源污染的危害。

水稻蓄雨型节水灌溉模式综合水稻耐淹特征，考虑雨后蓄水深度、蓄水历时等耐淹指标，在降低传统灌溉方式的灌水下限的基础上，通过加大蓄水深度以截留更多雨水资源，实现水资源的高效利用。其核心理论是根据水稻生长发育及产量对干旱和淹水胁迫的反应特征，扩大稻田的储水库容，充分利用天然降水，减少灌水及排水频率、灌排定额和氮磷排放量，以期达到节水、减排的效果。

　　根据福建省、湖北省等地经验，这种多蓄少灌的灌溉模式，比雨后水层深度仍然保持各类节水灌溉模式规定的灌水上限，可提高降水利用率 10% ~ 20%，节约灌溉用水 10% ~ 15%。研究表明，除极端条件外，水稻对深水条件有较强的适应性，可通过生育期的延长来补偿淹水期间受到的抑制，在受涝条件下仍可获得较高产量。深水层能导致水稻茎秆伸长，蓄水越深，伸长的程度越大，而稻秆的节间伸长可以提高功能叶的位置，避免淹没，进而减少深水层淹灌对水稻光合作用的影响。

　　与传统的水稻淹灌模式相比，节水灌溉模式为了减少灌溉用水量，一次灌溉水量较少，使得一次灌水满足水稻耗水要求的时间较短，相应灌水次数较多。我国大部分地区降雨时空分布不均，这使得节水灌溉模式的实行对灌排设施的依赖性增大；而目前普遍存在的渠道和田间工程设施标准偏低、配套不全、灌溉管理粗放的现实情况，限制了节水灌溉模式的实用性和可操作性，制约了节水灌溉模式的推广。雨后蓄水与节水灌溉模式相结合，一方面可以较好地满足水稻生理生长和高产稳产对水分的需求；另一方面通过雨后深蓄，增加了天然降雨的利用率，减少灌溉水量和灌水次数。考虑到目前我国灌溉配套工程普遍不够完善的现实，水稻蓄雨型节水灌溉模式减少了灌溉对田间工程和渠系工程的依赖程度，比无深蓄的节水灌溉方式更易于保证按时灌溉，更易于大面积推广应用；同时排水定额也相应减少，有利于减少农田排水造成的农业面源污染。

　　总体来说，水稻蓄雨型节水灌溉模式能够以较低的灌溉水量投入获得较高的经济和环境效益，更符合节水灌溉的要求，更易于推广和应用。

二、技术特点

　　水稻蓄雨型节水灌溉模式对雨后蓄水深度的确定一般有两种方式。

（一）浅蓄模式

　　水稻蓄雨型节水灌溉模式的雨后最大蓄水深度，是依据水稻不同生育阶段对水分的需求和敏感程度确定的。在水稻生长的前期（返青期、分蘖前期）和后期（乳熟期）浅蓄，雨后水层深度可超出灌溉水层上限 20 ~ 30 mm；而中期（拔节孕穗期至抽穗开花期）多蓄，雨后水深可超出灌溉水层上限 30 ~ 50 mm。研究表明，由于只是在雨后多蓄，并非长期淹水，在无降雨或降雨量较小的情况下，不同的节水灌溉模式仍依据各自不同的水分控制要求保持湿润、露田、晒田的条件，所以对水稻生长发育和产量没有明显影响。

　　如表 8-1 所示为江苏省不同水稻节水灌溉模式的水分控制标准及不同模式降雨利用率的比较，可见浅湿调控模式由于灌水上限较低，雨后蓄水上限较高，相应降雨利用率最高。水稻蓄雨型节水灌溉模式的关键是在不影响水稻生长发育和产量的前提下，确定合理的蓄水上限和相应的持续时间，江苏省试验得出的中稻各生育阶段水稻耐淹蓄水上限和持续时间如表 8-2 所示。

　　这种蓄雨型节水灌溉模式不改变原有节水灌溉方式的灌溉水分控制规则，对降雨较丰沛的地区或者降雨分布与作物需水要求比较吻合的地区有较好的节水效果和推广价值。例如，贵州省水利科学研究院在贵州山区推广的蓄雨型薄浅湿晒灌溉模式，具体的水分控制标准如表 8-3 所示。

表 8-1 江苏省不同节水灌溉模式比较

| 灌溉模式 | 水层 | 移栽期 | 返青期 | 分蘖期 | | 拔节孕穗期 | | 抽穗开花期 | 乳熟期 | 黄熟期 | 降雨利用率 |
				前期	后期	前期	后期				
浅湿灌溉	上限	30 mm	30 mm	30 mm	晒田	40 mm	40 mm	20 mm	20 mm	0	65.32%
	下限	10 mm	5 mm	5 mm	60% ω_b	80% ω_b	80% ω_b	75% ω_b	75% ω_b	60% ω_b	
	蓄雨	40 mm	40 mm	60 mm	0	90 mm	90 mm	90 mm	90 mm	0	
浅湿调控灌溉	上限	30 mm	30 mm	20 mm	晒田	20 mm	20 mm	20 mm	20 mm	0	69.45%
	下限	10 mm	5 mm	85% ω_b	60% ω_b	70% ω_b	80% ω_b	80% ω_b	80% ω_b	60% ω_b	
	蓄雨	40 mm	40 mm	60 mm	0	90 mm	90 mm	70 mm	70 mm	0	
控制灌溉	上限	30 mm	30 mm	100% ω_b	100% ω_b	100% ω_b	100% ω_b	100% ω_b	100% ω_b	100% ω_b	57.40%
	下限	10 mm	5 mm	80% ω_b	55% ω_b	60% ω_b	80% ω_b	75% ω_b	70% ω_b	60% ω_b	
	蓄雨	40 mm	40 mm	40 mm	0	65 mm	65 mm	65 mm	50 mm	0	

注：ω_b 为饱和含水量。

表 8-2 江苏省水稻各生育期耐淹蓄水上限和持续时间（中稻）

| 持续时间（d） | 耐淹蓄水上限（mm） | | | | |
	返青分蘖始期	分蘖盛期	拔节孕穗期	抽穗灌浆期	黄熟期
2	150	250	300	400	0
4	100	160	250	250	0
6	80	120	200	200	0

表 8-3 贵州省水稻蓄雨型薄浅湿晒灌溉水分控制标准

生育阶段	返青期	分蘖前期	分蘖后期	拔节孕穗期	抽穗开花期	乳熟期	黄熟期
灌前下限（土壤饱和含水量或水层深）	15 mm	90% ω_b	70% 饱和	90% 饱和	90% 饱和	70%~80% 饱和	先湿润后落干（20~0 mm）
灌后上限	40 mm	20~30 mm	晒田	20~30 mm	5~15 mm	灌跑马水	
雨后最大蓄水深度	60 mm	60 mm		70 mm	50 mm	50 mm	

　　由于贵州省灌溉设施不配套，水利工程较缺乏，属于典型的工程性缺水地区；而且地形破碎，稻田零星分散，山高坡陡，保水性能较差。为了比较不同灌溉模式，特别是蓄雨型节水灌溉模式的效果，贵州省水利科学研究院在不同地区进行了对比试验，结果如表 8-4 所示。

表8-4　贵州省不同水稻灌溉模式对比试验结果（2002 年）

灌区名称	灌溉用水量 (m^3/hm^2)			稻谷产量 (kg/hm^2)			灌溉次数 （次）		
	模式 1	模式 2	模式 3	模式 1	模式 2	模式 3	模式 1	模式 2	模式 3
瓮福（贵定县）	1 995	1 635	3 060	4 470	4 500	3 795	12	9	13
金黔（金沙县）	1 770	1 725	5 265	6 315	6 435	5 835	7	7	9
安西（平坝县）	2 475	2 130	3 660	3 420	3 675	2 805	14	11	17
湄凤余（湄潭县）	1 230	1 065	2 505	7 785	7 500	6 555	7	7	12
乌中（德江县）	2 415	2 190	3 405	5 025	5 535	4 245	12	12	15
黎榕（榕江县）	1 425	1 335	6 645	9 705	8 160	7 260	14	11	20
平均	1 885	1 680	4 090	6 120	5 967.5	5 082.5	11	9	14

注：模式 1 指薄浅湿晒灌溉模式；模式 2 指以薄浅湿晒为基础，有降雨采取蓄水；模式 3 指当地原有的淹灌模式。

　　表8-4 表明，薄浅湿晒 + 深蓄（模式2）的水稻产量略低于薄浅湿晒（模式1），由于模式 1 更严格地参考作物在不同生育阶段的需水要求，更有利于作物产量的提高，水稻产量比模式 2 和模式 3 分别提高了 2.6% 和 20.4%；但在提高降雨利用率方面，蓄雨型节水灌溉模式 2 明显优于另外两种模式，相应的灌溉定额减少，其灌溉用水量分别为模式 1 和模式 3 的 89.12% 和 41.08%；同时，模式 2 的灌溉次数最少。表明，蓄雨型节水灌溉与无蓄雨的节水灌溉模式相比，能减少灌水人工投入，从而减轻劳动强度，更便于推广。

　　这种水稻蓄雨型节水灌溉模式适合水稻生长期降雨量较大或者降雨次数较多的地区，通过适当提高雨后水层上限，可以更充分地利用天然降雨，减少灌溉用水量和灌溉次数。如果遇到与生育阶段需水量差异较大的降雨分布，或是降雨较少的地区，这种蓄雨型节水灌溉模式对提高降雨有效利用率的作用会相应减小。

（二）深蓄模式

　　水稻蓄雨型节水灌溉深蓄模式更多地考虑降雨分布和作物不同生育阶段对水分的敏感程度。这种模式在水稻对淹水不敏感时期尽量多地储蓄雨水，以满足后期需水量缺口较大时的生长要求。水稻不同生育阶段水分胁迫对产量影响的试验研究表明，水稻对水分最敏感的时期是幼穗分化后期和抽穗期，分蘖后期是水分最不敏感时期。所以，可以按照水稻水分生理需求和来水规律，确定田间水分控制标准，在降雨过程中尽量截蓄雨水，为后期水稻生长提供保证。例如，安徽淠史杭灌区推行"两保深蓄"灌溉技术，即是在分蘖期最大程度地储蓄雨水，为孕穗期至抽穗开花期储蓄水分，以适应水资源缺乏地区的作物生产要求。

　　"两保深蓄"灌溉模式在水稻分蘖后期至拔节初期，不强调雨后排水晒田，而采用"深蓄雨"方式控制无效分蘖；其雨后蓄水深度参照淠史杭灌区成熟期株高 110～120 cm 的单季杂交中籼稻允许蓄水深度，具体水分控制见表 8-5。如果分蘖后期蓄雨达到上限 150 mm，可为孕穗期贮存 10 ~ 15 d 的需水。

表 8-5 漈史杭灌区单季中稻"两保深蓄"灌溉制度

项目	返青期	分蘖前期	分蘖后期	拔节孕穗期	抽穗开花期	乳熟期	黄熟期
起止日期	06-01 ~ 06-07	06-08 ~ 06-25	06-26 ~ 07-15	07-16 ~ 08-15	08-16 ~ 08-25	08-26 ~ 09-16	
常规灌水深	20 ~ 40 mm	30 ~ 50 mm	晒田	30 ~ 60 mm	30 ~ 60 mm	30 mm ~ 湿润	湿润
允许蓄雨深	50 mm	80 ~ 100 mm	100 ~ 150 mm	100 mm	100 mm	60 mm	20 mm

（三）实施水稻蓄雨型节水灌溉模式应注意的问题

　　水稻对旱涝环境均能适应，但是为保证产量和作物的正常生长要求，须按照水稻的生理生长特点和不同阶段对水分的要求来控制田间水分。过分强调水稻的适应能力，或者为达到节约水资源的目的使稻田环境过于极端，必然会适得其反。研究表明，即使是在对水分不甚敏感的分蘖期，长时间淹水也会造成水稻有效穗数、结实率下降，最终影响产量。

　　采用蓄水型灌溉模式，要注意防止过长时间的蓄水对水稻的伤害。水涝诱导的次生胁迫缺氧导致水稻植株形态发生一系列变化，例如：节间和胚芽鞘伸长迅速加快，叶片黄化萎蔫，茎节部位长出不定根，根系变浅、变细，根毛显著减少，根系停止生长，不耐涝品种根系逐渐变黑，腐烂发臭，导致整株枯死。研究表明，不论在什么生育期，只要受到 4 d 淹涝胁迫，稻谷产量都有不同程度的降低。

　　在采用蓄雨型节水灌溉模式时，由于田间水分控制下限较低，而雨后设计水层蓄滞上限较高，在强降雨情况下，可能导致作物在短时间内由干旱胁迫快速转向淹水胁迫的情况。水稻对干旱和淹水的适应性，前期淹灌处理的水稻，对淹水胁迫具有较强的适应性；但干旱胁迫会导致水稻产生一系列适应干旱的机理，在这种条件下可能导致其抗淹涝胁迫能力的降低。有关研究结果表明：旱涝快速转换后，在一定水深范围内，叶片的光合速率、蒸腾速率和气孔导度得以逐渐恢复；但淹水深度过大，淹水胁迫会抑制叶片的光合速率、蒸腾速率和气孔导度。旱涝快速转换对植株叶片衰老的影响与旱后淹涝程度（水深）密切相关。分蘖期干旱胁迫对叶片的衰老并无显著影响，旱涝快速转换后，浅水层的淹涝未对水稻叶片造成损伤，只是在重度淹涝胁迫（深水层）条件下会加速水稻叶片的衰老。干旱胁迫使根系活力降低，旱涝快速转换后，浅水淹涝对水稻根系活力的恢复可产生积极影响，甚至产生超越补偿效应，表明恢复淹水有利于根系吸收能力的提高；深水淹涝则表现为明显的抑制效应。所以，应避免旱后由暴雨引起的重度淹涝胁迫。

三、实施要点

　　水稻蓄雨型节水灌溉技术，由于是在其他水稻节水灌溉模式的基础上，根据水稻不同生育阶段的耐淹深度及时间，雨后进行适当的深蓄，达到提高降雨有效利用率，减少灌水和排水的目的，因此灌水的实施要点与其他节水型灌溉模式相同，关键是如何在现有节水型灌溉模式的基础上，根据不同生育阶段的耐淹深度及持续时间，确定合理的雨后蓄水深度。由于不同的水稻品种、不同稻类，以及不同的降雨等自然条件，水稻耐淹水深及时间存在差异，因此宜根据各地具体的试验成果确定各种稻类的雨后蓄水深度。表 8-2 为根据试验获得的江苏省中稻不同生育阶段耐淹蓄水上限和持续时间。表 8-6 为湖北省目前采用的经验值，可供参考。另外，应注意以下实施要点：

表 8-6　湖北省不同稻类各生育阶段雨后蓄水上限经验值　　　　（单位：mm）

生育阶段	早稻	中稻	双季晚稻
返青期	50	50	50
分蘖前期	70	70	70
分蘖末期	80	90	80
拔节孕穗期	90	120	90
抽穗开花期	80	100	50
乳熟期	60	60	60
黄熟期	20	落干	落干

（1）一般返青期，由于水稻植株较小，宜浅蓄或不蓄，水层控制在 30 mm 以下，保证不淹苗心，以避免淹水过深导致浮秧及烂秧，还有在返青期因为施底肥不久，田面肥料养分浓度较高，如蓄水过深遇到降雨产生田面排水，会导致肥料养分的过量流失；分蘖前期是有效分蘖数形成的关键期，从有利于分蘖的角度，宜浅蓄，蓄水过深可能影响植株生长和分蘖；分蘖末期应排水落干控制无效分蘖，除特殊干旱情况外不宜蓄水；拔节孕穗期至抽穗开花期，可适当深蓄；乳熟期又应适当浅蓄，以利于灌浆；黄熟期则不宜蓄水，应让田面自然落干，以利于收割。

（2）在具体实施时，应根据天气状况调整田间蓄水深度。如果气温高，辐射强，稻田耗水强度大，则可适当深蓄；如果气温低，并连续阴雨，稻田耗水强度小，则蓄水深度应降低，以免过长时间蓄水引起减产。

（3）要根据田间土壤肥力及保水情况进行适当的调整，比如渗透性强或者地势较高的岗田、膀田，可以适当深蓄，而对于渗漏较小或地势较低的冲田，则应适当浅蓄，对于长期排水不畅的低洼田，则不宜采取该模式，即不宜在降雨后蓄水。

（4）有试验表明，作物不适应旱涝交替受害，因此如果前期受旱，则当前生育期蓄水深度在开始时应适当减小，然后逐渐加深，以避免水稻由于前期受旱，不适应突然深蓄而影响生长发育和产量的形成。

第二节　水稻非充分灌溉

水稻节水灌溉一般是在保证不减产的情况下，减少无益消耗，比如雨后适当深蓄减少地表排水，从而减少灌水量，通过干湿交替减少过多的渗漏及奢侈的棵间蒸发，有时也适当减少奢侈蒸腾。在特殊干旱条件下，无法保证丰产时，有时也采取非充分灌溉技术，使减产率最低。

一般认为，在水分供应不足时，当作物实际蒸发蒸腾量小于最大蒸发蒸腾，或实际产量小于最大产量的灌溉，称为非充分灌溉。然而，近年来的试验研究表明，稻田经常无水层时，尽管水稻实际蒸发蒸腾量减小，但水稻产量不一定降低，有时甚至增产。这一基本事实一方面表明人们对水稻的水分生理特性的认识还很不够，且目前尚不能简单地定义水稻非充分灌溉；另一方面也意味着改变传统的水稻长期淹灌方式势在必行。本书中的水稻非充分灌溉系指水稻在一定时期内处于水分胁迫状态的灌溉。

一、非充分灌溉水稻耗水规律及主要影响因素

实行非充分灌溉，稻田土壤在一定阶段内处于不同程度的干旱，从而引起水稻耗水量的变化。充分灌溉与非充分灌溉（土壤受旱）条件下水稻耗水规律、土壤干旱所导致的水稻耗水量变化规律，是开展合理的水稻非充分灌溉的主要依据。

（一）水稻全生育期内耗水量变化规律

在正常灌溉条件下，水稻耗水量主要受气象因素的影响，同时又受水稻本身的适当调节。在非充分灌溉条件下，由于水稻生态系统中最活跃的因素，即水分状况的改变，导致所有其他环境因素及其生态作用发生变化。第一，棵间蒸发量减小；第二，当水稻吸水率最强的浮根不能吸水时，根系吸水力减弱；第三，根部周围土壤的水力梯度改变，土壤水分进入根系的阻力增大，也使根系吸水更加困难。此时，由于稻田空气湿度减小，根据水汽扩散理论，大气的潜在蒸发蒸腾能力反而更强，植株体内很快形成水分胁迫现象。这种由非充分灌溉引起的生态系统改变，必然引起土壤—植物—大气水分传输系统内的水分梯度调整及水稻其他生理功能的变化，如叶气孔开度减小和关闭，叶面积生长受阻。因此，水稻蒸发蒸腾量会减小。

从表 8-7 ~ 表 8-9 和图 8-1 可以看出，在 7 月底前，中稻处于营养生长阶段，叶面积指数不断增高，而气温也持续上升，因此正常灌溉的水稻耗水量也逐渐增加。在中稻抽穗期，气温和叶面积指数均达到最大值，水稻生理机能旺盛，其耗水量也达最大值。尔后，中稻叶片逐渐枯萎，气温虽然仍然较高，耗水量则逐渐减小。在 9 月下旬之前，尽管叶面积不断增长，但双季晚稻（以下简称晚稻）生育期气温下降早且迅速，故晚稻在拔节期即达耗水高峰。与中稻相比，其耗水量峰值较小且不明显。而水稻在非充分灌溉条件下的日耗水规律至少具有以下几个特征：

（1）受旱越重，日耗水量越小。在未进入受旱阶段时，各处理均保持在饱和含水量以上，其日耗水量基本相同。在同一生育阶段受旱时，受轻旱（土壤含水量下限为 70% 的饱和含水量，下同）的耗水量比正常灌溉少，而受重旱（土壤含水量下限为 40% 的饱和含水量，下同）的耗水量又比受轻旱的低得多。

（2）受旱持续时间越长，日耗水量越小。尽管 2 个生育阶段或 3 个生育阶段连续受旱的土壤水分始终比重旱条件充足，但由于水稻在较长时期处于水分胁迫状态，叶气孔的保卫细胞会受到严重破坏，以致叶气孔在相当长的时间内保持较小的开度。因此，连续受旱时出现最低的耗水量。这种影响甚至在该处理恢复淹水后，仍然要持续一定时间，其耗水量才会迅速上升。

表 8-7　早稻不同阶段受旱耗水量及产量（桂林，1992 年）

| 编号 | 受旱特征 | 各生育阶段耗水量（mm） | | | | | | 全生育期耗水量（mm） | 产量（kg/亩） |
		①返青期	②分蘖期	③拔节孕穗期	④抽穗开花期	⑤乳熟期	⑥黄熟期		
1	正常灌溉	21.8	120.0	103.1	110.8	101.3	81.1	538.1	675.3
2	分蘖期轻旱	20.8	105.5	77.5	75.3	82.5	64.1	425.7	469.6
3	分蘖期重旱	23.7	100.6	74.5	70.6	70.5	57.4	397.3	365.5
4	拔节孕穗期轻旱	22.1	130.3	90.1	92.7	106.4	68.7	510.3	601.3
5	拔节孕穗期重旱	22.2	129.9	83.5	88.7	91.7	60.7	476.7	558.9
6	抽穗开花期轻旱	22.8	136.4	107.6	90.1	105.5	73.1	535.5	631.0
7	乳熟期轻旱	22.4	133.9	104.0	100.9	96.4	79.4	537.0	610.8
8	乳熟期重旱	21.6	130.9	102.0	100.3	86.0	73.0	513.8	557.6
9	分蘖期、拔节孕穗期轻旱	23.5	105.0	74.7	76.0	70.9	63.1	413.2	490.4
10	拔节孕穗期、抽穗开花期轻旱	22.0	120.6	87.7	74.9	85.1	70.7	461.0	510.3
11	抽穗开花期、乳熟期轻旱	20.1	132.3	106.7	88.6	70.8	65.7	484.2	575.7

表 8-8　晚稻不同阶段受旱耗水量及产量（桂林，1992 年）

| 编号 | 受旱特征 | 各生育阶段耗水量（mm） | | | | | | 全生育期耗水量（mm） | 产量（kg/亩） |
		①返青期	②分蘖期	③拔节孕穗期	④抽穗开花期	⑤乳熟期	⑥黄熟期		
1	正常灌溉（对照）	24.3	148.1	111.8	124.7	89.4	75.6	573.9	475.9
2	分蘖期轻旱	25.1	113.2	96.6	92.1	67.2	53.6	447.8	383.8
3	分蘖期重旱	26.0	107.6	88.3	84.9	64.2	54.5	425.5	305.1
4	拔节孕穗期轻旱	25.1	133.9	91.0	106.9	70.3	67.3	494.5	407.4
5	拔节孕穗期重旱	27.2	132.1	77.9	93.9	65.0	66.3	462.4	303.7
6	抽穗开花期轻旱	25.0	128.2	99.4	85.3	78.7	71.2	487.8	368.0
7	抽穗开花期重旱	24.6	129.7	92.5	71.9	69.4	62.3	450.4	355.3
8	乳熟期轻旱	28.1	140.5	112.9	108.6	68.6	60.5	519.2	423.0
9	乳熟期重旱	29.8	135.3	108.0	101.7	65.0	49.9	489.7	402.7
10	分蘖期、拔节孕穗期中旱	27.3	110.6	83.3	95.2	72.3	72.0	460.7	338.4
11	拔节孕穗期、抽穗开花期中旱	24.1	128.4	90.4	83.4	73.6	68.3	468.2	362.8
12	抽穗开花期、乳熟期中旱	24.7	130.1	102.6	94.7	61.4	60.7	474.2	408.7

表8-9 中稻不同阶段受旱耗水量及产量（唐海，1992年）

编号	受旱特征	各生育阶段耗水量（mm）						全生育期耗水量（mm）	产量（kg/亩）
		①返青期	②分蘖期	③拔节孕穗期	④抽穗开花期	⑤乳熟期	⑥黄熟期		
1	正常灌溉（对照）	64.6	120.5	137.6	141.7	143.2	35.6	643.2	776.8
2	分蘖期轻旱	52.7	98.1	135.3	138.1	131.0	31.2	586.4	722.0
3	分蘖期中旱	64.4	95.9	121.0	124.2	118.1	35.6	559.2	660.9
4	分蘖期重旱	61.7	91.5	113.5	125.9	117.4	35.1	545.1	590.1
5	拔节孕穗期轻旱	61.8	123.4	113.6	149.7	143.9	34.5	626.9	716.5
6	拔节孕穗期中旱	61.8	115.8	104.4	145.7	142.5	35.4	605.6	672.8
7	拔节孕穗期重旱	63.1	113.4	99.2	129.7	117.9	41.0	564.4	603.0
8	抽穗开花期轻旱	62.8	119.9	138.4	124.2	154.3	40.5	640.1	688.1
9	抽穗开花期中旱	63.7	119.6	131.5	113.4	144.1	36.2	608.5	676.6
10	抽穗开花期重旱	62.1	113.4	128.0	106.1	131.3	44.2	585.1	576.9
11	乳熟期轻旱	64.3	118.4	133.8	145.1	123.0	41.2	625.8	733.9
12	乳熟期中旱	63.2	121.3	137.3	143.5	117.0	35.8	618.0	763.5
13	乳熟期重旱	62.5	122.3	122.2	135.1	106.1	39.7	588.0	732.1
14	①、②阶段连旱（中旱）	64.2	91.7	92.3	127.6	118.1	37.1	531.0	630.5
15	②、③阶段连旱（中旱）	63.7	116.5	108.5	107.7	127.3	27.3	551.0	580.3
16	③、④阶段连旱（中旱）	61.2	118.2	132.6	113.4	110.7	33.2	569.1	627.1
17	①、②、③阶段连旱（轻旱）	62.5	94.4	92.3	99.2	116	33.8	498.2	567.7
18	②、③、④阶段连旱（轻旱）	63.4	120.5	110.2	115.1	110.1	37.1	556.4	670.8

（3）稻田0～50 cm土层平均土壤含水量不低于饱和含水量的80%，0～20 cm土层平均土壤含水量不低于饱和含水量的70%时，土壤含水量的高低对耗水强度、耗水量基本无影响。土壤含水量低于此值时，耗水强度、耗水量下降，受旱愈严重（土壤含水率愈低），含水量下降幅度愈大。单一阶段受轻旱、中旱（土壤含水量下限为55%的饱和含水量，下同）和重旱时，耗水量可分别减少11%～21%、16%～28%和19%～33%。两个阶段连续受中旱时，耗水量可减少20%～33%。三个阶段连续受轻旱时，耗水量可减少29%～44%。如果受旱程度相同，则大气蒸发力愈强，受旱引起的耗水量下降值愈大。

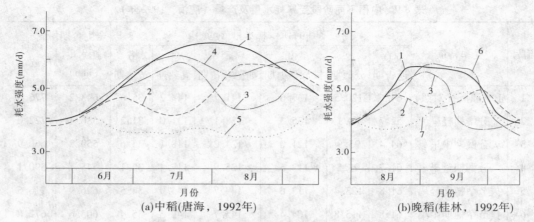

(a)中稻(唐海，1992年)　　　　　　　　(b)晚稻(桂林，1992年)

1—正常处理；2—拔节孕穗期重旱；3—抽穗开花期重旱；4—抽穗开花期轻旱；
5—分蘖期、拔节孕穗期及抽穗开花期连轻旱；6—乳熟期轻旱；7—分蘖期及拔节孕穗期期连中旱

图 8-1　典型水稻耗水强度变化过程线

（4）水稻早期、中期单独阶段受旱的当时耗水强度降低，以后若恢复正常水分条件，则耗水强度恢复，且可超过未受旱条件下的耗水强度，出现耗水强度的反弹现象。

产生这种反弹现象的原因在于：受旱阶段土壤含水量低，水稻生长对恶劣环境产生的抗性、根系生长的趋水性，促进受旱时稻根向深处、广处伸延，特别是促进了吸收根的生长。复水后，土壤水分条件适宜，又具有比未受旱条件下更健壮、更深广的根系，吸水力最强的浮根加速生长，吸水、耗水强度则更高。此外，在受旱阶段，好气微生物活动旺盛，田间速效养分增加，根系有氧呼吸作用旺盛，消耗较多同化物质，积累了更多由呼吸作用所产生的中间产物，使复水后有机物质的合成具有较充分的原料，更有利于水稻生长发育，加大耗水强度。

（5）后期（乳熟期）受旱，受旱阶段耗水强度下降，恢复正常水分条件，但耗水强度不能恢复到不受旱条件下的水平，即不存在反弹现象。乳熟阶段水稻根系及其他部分生长接近成熟，改变组织生育性状来适应恶劣环境的能力很弱，受旱时耗水强度降低，复水后根系不具备加大吸水、耗水的条件，此阶段距收割日期近，复水后亦无足够的时间使耗水强度追赶上不受旱条件下的水平。

（6）中、后期几个阶段受到连旱，受旱时耗水强度下降，复水后不能恢复到原有水平，即不存在反弹现象。

连旱条件下受旱时间过长，水稻组织特别是根系生长发育受阻，生理活动受抑制，根系吸水能力降低，叶面积减少，从而在土壤水分充足后亦达不到原有的耗水能力。

必须指出，无论是单独阶段受旱还是连旱，是否产生反弹现象还与受旱的程度有关。过重的干旱（单独阶段受旱与连旱时的土壤含水量下限分别低于饱和含水量的50% ~65%），会损伤水稻根系、抑制生育，无论产生于何时，均不产生反弹现象。

（二）　水稻耗水量的昼夜变化规律

气象因素（如气温、空气湿度、蒸发力等）与植物生理活动（如气孔开度、光合作用、呼吸强度、叶水势等）均在一昼夜内呈现规律性变化，研究水稻耗水强度的昼

夜变化规律，有助于探究耗水量的主要影响因素及其与气象因素之间的关系。

从图 8-2 可以看出，正常灌溉的水稻耗水强度基本与叶面温度同步升降，只是由于叶气孔开度值上升快且较早达到最大值，而使耗水强度上升快，比叶面温度略提前达到峰值。中午在强烈的蒸腾作用后，水稻体内水分失去暂时平衡，尽管叶面温度仍然较高，但水稻的吸水和输水能力不如上午，叶气孔的保卫细胞失水而使气孔迅速趋于关闭，故耗水强度在持续短时间高峰值后迅速下降，从非充分灌溉条件下水稻蒸发蒸腾强度昼夜过程线可以看出以下特征：

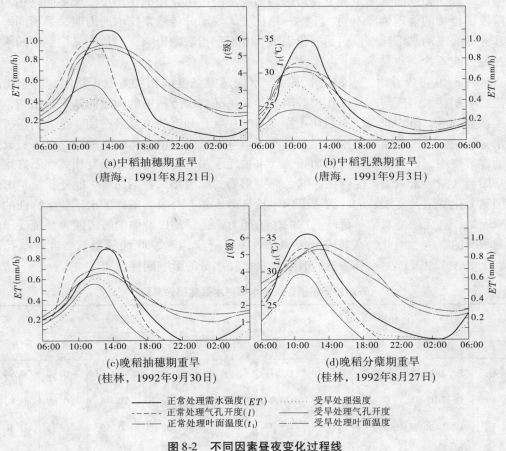

(a)中稻抽穗期重旱
(唐海，1991年8月21日)

(b)中稻乳熟期重旱
(唐海，1991年9月3日)

(c)晚稻抽穗期重旱
(桂林，1992年9月30日)

(d)晚稻分蘖期重旱
(桂林，1992年8月27日)

———— 正常处理需水强度(ET) ⋯⋯⋯ 受旱处理强度
- - - - 正常处理气孔开度(I) ———— 受旱处理气孔开度
—·—·— 正常处理叶面温度(t_1) —··—··— 受旱处理叶面温度

图 8-2 不同因素昼夜变化过程线

（1）田间水分状况成为控制水稻蒸发蒸腾强度的重要因素。此时，叶气孔开度很小，且总是提前关闭，这是水分胁迫的典型生理特征。由于长时期的水分胁迫，叶面积生长受阻，蒸腾面积也小。此外，棵间蒸发量也小。因此，受旱条件下的蒸发蒸腾量明显低于正常灌溉处理。

（2）叶面温度已不能作为蒸发蒸腾量的判别指标。由于植株体调节体温的蒸腾能力受到限制，使受旱稻田热容量减小，白天叶面温度上升快，峰值更高，夜间下降更快，叶温更低，蒸发蒸腾强度与叶温不同步。

（3）在受旱条件下，叶气孔开度既能反映水稻生理机能状况，又能反映田间水分不足引起的水分胁迫程度，且与光照、温度和空气湿度关系密切。因此，叶气孔开度的变化趋势与蒸发蒸腾强度更一致。

（4）在叶气孔关闭后，正常灌溉处理耗水强度仍比受旱处理高，表明受旱稻田棵间蒸发强度低。

（三）非充分灌溉条件下水稻耗水量主要影响因素

从非充分灌溉条件下水稻的耗水规律及相应的生理生态指标的变化规律可以看出，与正常灌溉处理相比，其耗水量的影响因素更多，各因素之间交互影响更加复杂。在不同灌溉处理、相同的气象条件下，最终对蒸发蒸腾产生作用的稻田小气候不同；相同生育阶段，植物的生理机能不同，土壤—植物—大气水分传输系统内的力能关系不同。尽管非充分灌溉的水稻耗水量仍受气象因素、叶面积指数的影响，但他们又均受田间水分状况的影响。

从表8-10可以看出，水稻耗水强度与水面蒸发强度的相关系数不稳定，甚至出现负值。水稻耗水强度与叶片气孔扩散阻力的关系随着水分胁迫的加重而越来越密切，其相关系数的绝对值均较大，水稻耗水强度与叶片气孔开度的关系最密切。这表明随着稻田水分的减少，气象因素对水稻耗水量的影响逐渐减弱，植株体的生理活动已不只起适当的调节作用，而与蒸发蒸腾密切相关。水稻耗水强度与水面蒸发强度相关性不好，并不是因为气象因素对蒸发蒸腾无影响，而更重要的原因是二者不同步。此外，受旱时的叶细胞分化受阻及复水后的叶面积迅速生长是形成非充分灌溉条件下水稻耗水特征的主要原因之一。无论是水稻单位叶面积的蒸腾能力，还是稻田群体的蒸腾能力，都受田间水分状况的影响。因此，在非充分灌溉条件下，气象因素、叶面积指数、叶片气孔开度、土壤含水量及产生水分胁迫的时期对水稻耗水量的影响同样重要。

表8-10　不同因素与水稻耗水强度相关系数

	轻旱				重旱			
稻别	（年-月-日）	R_{E0}	R_r	R_l	稻别	（年-月-日）	R_{E0}	R_r	R_l
晚稻	1992-08-18	−0.30	−0.78	0.87	晚稻	1992-08-27	−0.31	−0.84	0.94
早稻	1992-07-01	0.68	−0.68	0.90	早稻	1992-06-26	0.44	−0.69	0.81
中稻	1991-08-09	0.29	−0.87	0.84	中稻	1991-08-21	0.55	−0.71	0.70
晚稻	1991-09-10	−0.35	−0.51	0.79	中稻	1991-09-03	−0.01	−0.81	0.83

注：早、晚稻为桂林站，中稻为唐海站；R_{E0}、R_r、R_l分别为水稻耗水强度与同期水面蒸发强度、叶片气孔扩散阻力和叶片气孔开度的相关系数。

二、水分胁迫对水稻生长发育和生理机能的影响

试验研究及农业生产实践表明，水稻在分蘖后期晒田和成熟期落干对生长发育和高产有利，其他阶段短期轻度受旱，也不会导致减产，甚至产量会更高。这表明，水稻在生长的进化历程中，产生了对水分暂时亏缺的适应性。由于非充分灌溉条件下作物耗水

规律的变化是其生物学特性（如分蘖率、叶面积指数、根系生长、株高等条件）及水分生理机理（如气孔开闭、叶水势等因素）的特殊反映。因此，研究水分胁迫（水分亏缺）对生长发育和生理机理的影响，有助于加深对水稻非充分灌溉原理和技术的认识，为水稻节水灌溉提供理论依据。

（一）根系生长

水稻根系既是吸水吸肥的主要器官也是很多物质同化、转化或合成的场合。根系的生长情况及其活力会直接影响整个水稻的生长发育、营养水平和产量水平。在非充分灌溉条件下，一方面由于水稻田面经常没有水层，甚至出现干裂现象，水稻根系会受到不同程度的水分胁迫，甚至会因田面干裂而拉断。另一方面，适当的水分胁迫（如晒田），又有助于水稻根系的生长发育，增强根系活力，使根层深度加深，促使水稻能够吸收较多的水分和养分，并具有一定的丰产优势。

1. 不同稻田水分条件下水稻根系数量及分布

从表 8-11 和表 8-12 可以看出，无论是早稻还是晚稻，受旱处理的水稻根系比正常灌溉处理的总根数多，根系体积较大。而乳熟期受旱的处理，其根系发育情况与正常灌溉处理的差别不大。此外，受旱处理的水稻根系扩散的范围广，且主要根系活动层较深。在冲洗过程中发现，正常灌溉处理的根系多密集于 0 ~ 20 cm 的土层中，呈网状分布，而受旱处理的根系则呈倒树枝状，各层分布相对平均，且根层深度明显加大。因此，受旱处理的根系普遍深且发达。从表 8-12 还可以看出，连旱处理的根系体积与根数明显较其他处理要高，这表明水稻根系在受旱一开始，就表现为生长受阻，然后才迅速扩展，当受旱时间较长时，根系异常发达。

表 8-11　典型处理水稻根系体积及根数对照

稻别	处理	体积 （cm³/蔸）	体积增减 （%）	根数 （条/蔸）	根数增减 （%）
早稻 （1992 年）	正常处理（CK）	20.1	—	287.0	—
	分蘖期重旱	22.3	10.9	325.0	13.2
	拔节孕穗期重旱	29.2	45.3	329.0	14.6
	抽穗开花期重旱	20.0	-0.5	305.0	6.3
	乳熟期重旱	18.9	-6.0	279.0	-2.8
	抽穗乳熟期连中旱	38.6	92.0	473.0	64.8
晚稻 （1995 年）	正常处理（CK）	20.5	—	297.0	—
	分蘖期重旱	23.7	15.6	358.0	20.5
	拔节孕穗期重旱	30.1	46.8	361.0	21.5
	抽穗开花期重旱	21.9	6.8	335.0	12.8
	乳熟期重旱	19.6	-4.4	289.0	-2.7
	抽穗乳熟期连中旱	40.0	95.1	492.0	65.7

表 8-12　根系分层质量百分比对照（晚稻，1993 年）　　　　　　（％）

根层深度（cm）	正常灌溉		受旱处理	
	分层分布	累积分布	分层分布	累积分布
0 ~ 10	61	61	43	43
10 ~ 20	25	86	36	79
20 ~ 30	11	97	12	91
30 ~ 40	3	100	6.5	97.5
40 ~ 50	—	—	2.5	100

注：1. 根系质量为烘干后称重所得；

　2. 受旱处理为抽穗开花期重旱。

2. 稻田水分条件对水稻根系类型的影响

1）水稻的浮根与气生根

当稻田有水层时，土面以上（水面以下）从水稻主茎上位节长出的根大多数呈水平生长，在水中形成异常发达的网状分枝，即所谓浮根，这种根的少部分也扎进表层土壤。当稻田土壤含水量低于饱和含水量 3 ~ 5 d 后，浮根便会枯死。在水稻田面无水层且土壤湿润无裂痕时，会从土壤表层冒出一些乳白色的根，即为气生根。气生根耐旱能力较差，当稻田土壤含水量达到重旱水平（即为饱和含水量的 50%）时，气生根往往会因受旱严重而生长受阻，甚至枯死。

浮根和气生根是水稻吸水吸肥能力最强的根系。特别是浮根具有较强的生理活性，能够吸收氧气，并将其运向水稻的下部根系，对水稻后期的生长发育具有重要作用。而气生根则往往只在土壤含水量处在轻旱水平（即占饱和含水量的 70%）时具有较强活力，能够吸收氧气。当土壤含水量进一步降低或受旱时间较长时，气生根会变细，颜色变深，活力下降。从长期观测中得知，当稻田处于土壤湿润状态时，对水稻浮根和气生根的生长均有利。

2）水稻根系颜色

水稻根系颜色是判断水稻根系活力的重要标志，取样观测稻根颜色需在生育期内拔棵。由于受旱处理的稻根扎得较深，拔棵较为费力，拔出的根尽管会被拉断，但靠茎基部的根多且长，黄根和白根均较多。正常处理的稻根扎得较浅，容易拔起，其白根相对较少且短。

从表 8-13 可以看出，所有受旱处理的白根数均明显多于正常灌溉处理，而黑根数则较少。此外，受旱处理的总根数也较多，这是因为受旱条件改善了稻田土壤中的水、肥、气、热状况，使得水稻不断长出新根。在新根周围，由于其泌氧能力较强，在根际会形成一层氧化还原电位较高的氧化圈，使还原层中的铁被氧化成高价氧化铁膜，可避免各种有毒还原物质对根系的危害。因此，新根一般呈嫩白色，故受旱处理的水稻白根数多。这类白根是稻根中生命力最强的根系，其吸水吸肥能力强，新陈代谢旺盛。

表 8-13　典型处理晚稻根系颜色调查结果（1990 年 9 月 28 日）

处理	白根（条/蔸）	白根/总根（%）	黄根（条/蔸）	黄根/总根（%）	黑根（条/蔸）	黑根/总根（%）	总根（条/蔸）
正常灌溉	12	4	260	88	25	8	297
分蘖期重旱	30	9	315	90	6	2	351
拔节孕穗期重旱	33	9	318	89	7	2	358
抽穗开花期重旱	31	9	307	89	8	2	346
乳熟期重旱	29	10	266	88	9	3	304
分蘖拔节期连中旱	30	10	270	88	6	2	306
拔节孕穗、抽穗开花期连中旱	30	10	255	88	5	2	290
抽穗开花、乳熟期连中旱	35	9	363	89	11	3	409

（二）叶面积指数

在正常情况下，水稻叶面积指数是从插秧后逐渐增大，到营养生长末期时达最大值，拔节孕穗期上升最快，这也是这一阶段耗水强度上升最快的原因之一（见表 8-14、表 8-15）。

表 8-14　中稻典型处理叶面积指数动态（唐海，1992 年）

处理	生育阶段某调查日期（月-日）的叶面积指数									
	分蘖期			拔节孕穗期		抽穗开花期			乳熟期	
	06-09	06-19	06-29	07-09	07-20	08-05	08-14	08-25	09-04	09-15
丰水（对照）	0.78	1.89	3.51	4.40	5.95	8.29	7.13	6.40	5.00	2.48
分蘖期轻旱	0.70	1.24	1.62	2.17	4.36	6.63	7.10	6.35	5.10	3.40
分蘖期重旱	0.66	1.04	1.32	1.67	3.85	6.08	7.01	6.15	3.28	3.22
拔节孕穗期轻旱	0.90	1.88	3.59	4.00	4.70	6.32	7.05	7.20	5.80	3.00
拔节孕穗期重旱	0.70	1.87	3.92	3.84	4.43	5.98	6.96	7.06	5.60	2.62
抽穗开花期轻旱	0.74	2.07	3.68	4.74	6.10	8.05	7.10	6.00	4.95	2.40
抽穗开花期重旱	0.76	1.87	3.68	4.49	5.99	7.35	7.05	5.02	4.24	1.94
乳熟期重旱	0.73	1.97	3.70	4.63	6.14	8.71	7.22	6.30	4.05	2.27
分蘖期、拔节孕穗期连旱	0.63	1.11	1.75	1.96	3.40	5.20	5.51	4.78	3.84	1.60
拔节孕穗期、抽穗开花期、乳熟期连旱	0.77	1.85	3.66	4.06	4.68	5.45	5.39	4.38	3.53	1.30

表 8-15　　晚稻典型处理叶面积指数动态（桂林，1992 年）

处理	生育阶段某调查日期（月-日）的叶面积指数		
	分蘖期	拔节孕穗期	抽穗开花期
	08-17	09-15	09-29
丰水（对照）	1.45	4.39	5.02
分蘖期轻旱	0.86	3.08	4.38
分蘖期重旱	0.55	2.54	3.74
拔节孕穗期重旱	1.57	3.75	3.86
抽穗开花期重旱	1.52	4.61	4.12
分蘖期、拔节孕穗期连旱	0.71	3.25	4.21
拔节孕穗期、抽穗开花期连旱	1.45	3.55	3.42

　　土壤轻旱，使作物产生微弱的水分胁迫，叶面积指数下降。其原因是由于缺水而抑制细胞扩大，长时间的抑制细胞扩大，会使细胞分裂产生反馈效应，从而使叶面积生长减慢，叶面积指数变低。受旱结束复水后，由于根系吸水、吸肥能力增强，土壤中速效养分、有机物合成原料充足，叶面积生长能力恢复，甚至生长速率更高，产生反弹现象。

　　水稻的生长，是在一定的积温和光照条件下，通过叶片蒸腾水汽的同时，经由叶片气孔吸收二氧化碳进行光合作用，产生碳水化合物，最终形成营养体和经济产量。叶面积的大小，不仅直接影响作物蒸腾量，而且影响阳光照射面积的大小与进行光合作用的能力，从而影响产量。但是，在叶面积指数达到一定数值后，耗水量与产量并非一直随叶面积的增加而增加，短期轻度的受旱，当时叶面积指数会稍有降低，但复水后能够恢复甚至产生反弹。日本学者竹山、村田等研究认为，水稻的叶面积指数达到 3.5 ~ 4.0 后，叶片相互遮蔽，叶面蒸腾和光合作用取决于上部叶片的机能、根系活动和太阳辐射。在非充分灌溉条件下，由于后期新生叶片较多，即使叶面积指数比正常灌溉的小，但其耗水强度可能超过正常灌溉条件下的水稻耗水强度，这也是受旱后复水形成耗水强度反弹的原因之一。

（三）亩茎数

　　亩茎数反映作物群体性状和叶片生理机能，水分胁迫会影响亩茎数。调查结果表明，在一定的种植密度条件下，亩茎数取决于分蘖率。无论是单独阶段受旱或是数阶段连旱，若分蘖期受旱，则分蘖期受抑制，亩茎数降低，干旱程度愈重，亩茎数降低率愈多，其他阶段受旱则对亩茎数影响不显著。水稻分蘖后期晒田，抑制无效分蘖，亩茎数减少，但有效分蘖（形成有效穗）增多，对生长发育有利。

（四）株高

　　水稻受旱后株高受抑制，受旱阶段及以后的短期内，株高比未受旱者低。受旱以后恢复充分的水分条件，株高增长率显著提高，以致在生育后期，株高与未受旱者接近，但长期（连续 2 ~ 3 阶段）受旱，以后难以恢复原有株高。

水稻在分蘖期、拔节孕穗期受旱对株高影响最大，乳熟期后受旱影响不大。水分胁迫对株高增长的抑制，一方面表明在作物水势过低时细胞分化受阻，另一方面也说明作物对养分，特别是氮肥的吸收和传输能力减弱。因此，在作物株高基本稳定后的水分胁迫，虽然对株高无影响，但必然对作物生长发育产生不利影响。

（五）叶气孔行为

根据国内外学者对不同水分条件下水稻叶气孔行为的研究，可以得出如下规律：

（1）正常水分条件下，水稻叶气孔于早晨天亮后张开，以后开度迅速加大，晴天里，于 10 时可达最大开度，相当开度达到 6 级，开度峰值持续 3 ~ 4 h。但在气温高、蒸发力强的条件下，于一天内最热与蒸发力最强的 14 ~ 15 时，为抑制过大的蒸腾、调节叶片供水与蒸腾的水量平衡，此时气孔开度迅速降低，以后缓慢降低，至夜晚关闭。在上午气孔最大开度以前，气孔开度的增长速率比气温、蒸发力的增长速率大，在正常水分条件下，此阶段气孔行为不会影响蒸腾。

（2）短期（一个阶段）轻度受旱条件下，各种水稻气孔开度的变化显著受天气类型影响。晴天、少云与多云天气，气孔于日出后开始张开，但开度缓慢地增大，8 时后增大的速率更低，一般 9 时可达最大开度（6 级），但此峰值持续时间缩短，一般为 1 ~ 2 h，以后迅速降低。阴天时，受旱条件下的气孔变化过程在 11 时前与未受旱者相似，以后则其开度下降，各时刻开度比正常条件下低。

（3）短期（一个阶段）受到中度、重度干旱，气孔开度达到峰值时间更早（9 时以前），且峰值的开度较低，历时短（1 h 左右），以后开度下降，下降速率比正常水分条件下低。

（4）短期受轻旱再恢复到正常水分条件，以后的气孔开度变化过程可恢复到受旱的情况。短期受重旱或长期（连续 2 ~ 3 个阶段）受中等程度干旱后再恢复正常水分状况，则由于作物受到严重水分胁迫或在水分胁迫状态下历时过长，气孔开度不能达到原有的最高水平，或者需经历较长时间后才能恢复到原水平。这也是重旱、特别是连旱后再供水而作物耗水量不能达到原有水平的主要原因之一。

（六）光合强度

据唐海站与桂林站观测资料：水稻受轻旱后，光合强度的减弱不明显；受中等强度干旱后，晴天中午前后，光合强度减弱 40% 以下；受重旱后，晴天中午前后，光合强度减弱 40% 以上。上述试验中，丰水条件下中稻光合强度的最大值为 0.16 $\mu g/ (cm^2 \cdot s)$。

土壤水分不足条件下光合强度减弱的根本原因是二氧化碳的吸收和扩散能力的减弱，其中又以后者影响最大。水分胁迫会导致土壤—植物—大气水分传输系统内水力梯度的改变，致使叶水势降低或叶肉细胞阻力增加，阻碍二氧化碳溶于水并渗入叶肉细胞参与光合作用。日本竹山、村田等认为，当水稻田表层 20 cm 内土壤平均含水量低于饱和含水量的 57% 时，水稻光合强度开始明显下降。

（七）叶水势

叶水势是反映作物水分状况的重要指标，在土壤水分适宜条件下，水稻叶水势一般为 −0.9 ~ −2.2 MPa。非充分灌溉条件下，有些阶段土水势降低，土壤—植物—大气连续系统内水力梯度改变，叶水势相应降低。典型处理的叶水势观测值如表 8-16 所示。表中数据表明水稻受轻旱后，叶水势一般下降10%～20%，受重旱时一般下降20%～30%。

表 8-16　水稻典型处理的叶水势观测值（唐梅，中稻）

时间（年-月-日）	处理	不同时间叶水势（MPa）			
		08：00	11：00	14：00	16：00
1992-07-11	正常	−0.90	−1.55	−1.87	−1.15
	分蘖期重旱	−1.50	−2.17	−2.50	−1.70
1992-07-18	正常	−1.06	−1.74	−1.66	−1.40
	拔节孕穗期轻旱	−1.25	−2.10	−1.78	−1.55
1992-09-21	正常	−1.10	−1.68	−2.10	−1.15
	乳熟期重旱	−1.35	−2.10	−2.35	−1.74

（八）水分胁迫对水稻产量的影响

水分胁迫对水稻生态性状、生理活动的各种影响，最终会影响到水稻产量。典型处理水稻的考种结果如表 8-17 所示。

表 8-17　典型处理水稻的考种结果

年份	处理	穗数（10⁴ 穗/亩）	穗粒数（粒/穗）		千粒重（g/千粒）	实收产量（kg/亩）
			总数	实粒		
1992	正常灌溉	19.8	104.4	90.9	25.48	458.6
	分蘖期轻旱	16.3	101.3	91.3	25.80	383.8
	分蘖期、拔节孕穗期连中旱	15.8	101.9	88.1	26.65	338.4
	抽穗开花期、乳熟期连中旱	23.4	99.3	83.0	23.15	408.7
1993	正常灌溉	21.8	109.7	89.0	25.00	504.9
	分蘖期轻旱	19.9	90.1	83.5	25.45	466.7
	分蘖期、拔节孕穗期连中旱	21.3	103.0	89.9	25.11	493.6
	抽穗开花期、乳熟期连中旱	18.5	97.5	89.5	24.80	463.0
1994	正常灌溉	19.6	103.3	89.9	25.21	445.1
	分蘖期轻旱	16.4	100.1	92.1	25.90	385.3
	分蘖期、拔节孕穗期连中旱	15.8	101.0	88.0	26.68	338.3
	抽穗开花期、乳熟期连中旱	23.3	99.5	84.6	23.19	409.4
1995	正常灌溉	21.9	95.4	85.4	21.35	443.2
	分蘖期轻旱	19.8	89.8	82.7	21.69	322.7
	分蘖期、拔节孕穗期连中旱	21.3	103.6	90.0	21.97	431.9
	抽穗开花期、乳熟期连中旱	23.1	98.4	85.0	21.00	370.7

注：水稻品种均为晚稻。

研究表明，受旱程度、受旱阶段、受旱历时对减产均有影响，受旱历时的影响甚至超过受旱程度。短期，特别是水稻生长的前期受到短期水分胁迫后，水稻的生理机能一般较容易得到恢复，在水稻受旱结束复水后，由于吸水吸肥能力最强的浮根迅速长出和在前期受旱时出现的发达根系，使氮肥的摄取量增加。同时，长时期旺盛的好气微生物活动，使得稻田速效养分增加，从而其产量不会显著下降。此外，根系在前期旺盛的有氧呼吸时，虽消耗了较多的同化物质，但积累了更多的呼吸过程生成的中间产物，使以后的有机物质合成具有充足的原料。因此，短期的严重受旱也比长期的轻度受旱所引起的减产率低。

水稻产生水分胁迫，对水稻的生理机能和生态指标均产生明显影响，影响的程度随水分胁迫发生的阶段、程度及持续时间而异。总体上说，当稻田土壤含水量低于饱和含水量的70%时，这种不利影响开始出现。水稻在受到短期（一个生育阶段）轻度或中等水平的水分胁迫时，水稻的正常生长亦只在短期内受到抑制，主要指标在水稻恢复淹灌后能迅速恢复，并产生反弹效果。水稻在受到长期（两个生育阶段以上）轻度或中等水平的水分胁迫或短期的严重水分胁迫时，水稻生理和机能受到一定程度的破坏，主要指标难以恢复。而水稻最终产量的形成，正是由不同水分条件下水稻的生理机能和生态形状所决定的。

水稻生产发育的不同时期发生水分胁迫时，对产量的影响机理是不同的。分蘖期受旱一般使亩穗数大幅度减少，但千粒重和穗实粒数均增加；拔节孕穗期一般使亩穗数和穗粒数均略微减少；抽穗开花期受旱则使千粒重和实粒数明显减少；乳熟期受旱主要使千粒重降低，如果几个阶段连续受旱，则对产量影响更复杂，这种影响不是单一阶段影响的简单叠加，前一阶段的影响均会对后一阶段的水稻生理机能产生后效性。因此，包括分蘖期受旱的连旱处理，由于亩穗数大幅减少，又无法增加穗粒数和千粒重，而使产量最低。

在水资源不足而又必须采取非充分灌溉时，应注意以下实施技术要点：

（1）宜在非敏感期稻田短期受轻旱甚至中旱，避免重旱。

（2）避免在敏感期受旱，特别是在此阶段受重旱。

（3）避免两个阶段连续受旱，在水量分配上，宁可一个阶段受中旱，也不使两个阶段受轻旱。宁可一个阶段受重旱，也不使两个阶段受中旱。更要避免三个阶段连旱。

三、非充分灌溉稻田生态环境

（一）水分状况对稻田温度的影响

稻田水温和泥温是稻田生态环境中最重要的气象要素，水稻的光合作用、呼吸作用、净同化率、分蘖率及养分吸收等均与稻田温度状况有关。在相同的气象条件下，不同的田间水分状况，其田间温度和泥温不同，相应的空气湿度也不同。当稻田无水层时，稻田的热容量减少，白天容易增温，夜间温度则较低。如果土壤含水量较低，一方面棵间蒸发量减小；另一方面水稻受到水分胁迫后，植株蒸腾也减弱。因此，使得稻田空气湿度较低，并加速稻田增温。典型处理的稻田田面温度和泥温如图8-3所示。

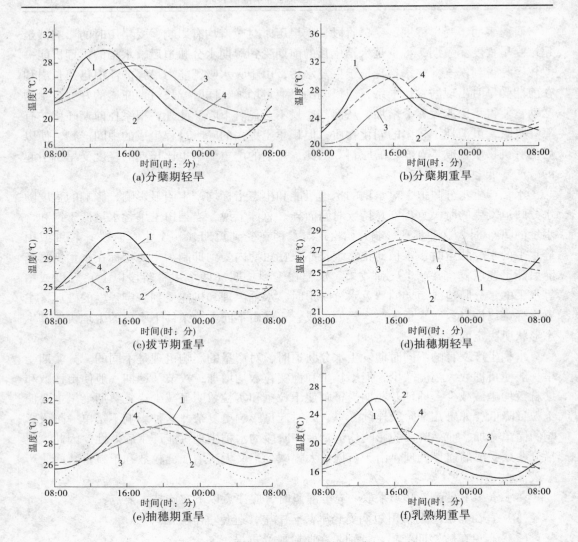

1，2—正常处理、受旱处理田面温度；

3，4—正常处理、受旱处理田面以下 5 cm 处泥温

图 8-3　典型处理的稻田田面温度和泥温（唐海，中稻）

大量实测资料表明：

（1）稻田田面温度与田间水分状况密切相关。在非充分灌溉条件下，白天的田面温度明显高于淹水稻田水温；而夜间的田面温度又明显低于淹水稻田水温。在夏季的晴天，两者温差可达 5 ℃以上。此外，在地区之间也有较明显的差别，北方地区非充分灌溉稻田与淹水灌溉稻田田面温差较大，而南方稻区差值较小。

（2）稻田田面以下泥温（影响根系活力）也随田间水分状况而异。在非充分灌溉条件下，稻田泥温白天较高，夜间较低。与淹灌条件相比：田面以下 5 cm 处泥温温差可达 3 ℃以上，田面以下 20 cm 处泥温温差也可达 1.5 ℃左右。

一般来说，昼夜温差大有利于改善稻田生态环境和提高水稻产量。但在实施水稻非充分灌溉时，应该避免稻田温度超过水稻生物学允许最高温度；否则，会破坏水稻生理性能，影响水稻正常生长发育。南方双季晚稻生长前期和北方中稻抽穗开花期正值高温季节，田间土壤水分过少，均可能导致稻田温度过高，应采取相应防护措施。

（二）非充分灌溉条件下稻田杂草生长

稻田水层的最重要生态作用之一被认为是抑制杂草生长。近年来的研究表明，稻田水分状况与杂草生长之间的关系并不十分复杂。根据广西桂林灌溉试验站的研究，在非充分灌溉条件下，稻田内稗草数量明显增多，但杂草总量与淹灌条件相比差别不明显，即干旱稻田内旱生杂草迅速长出，而水生杂草死亡，湿生杂草明显减少。如果稻田处于淹水—湿润—干旱的循环过程，对不同类别杂草均有一定抑制作用。

（三）非充分灌溉条件下稻田养分状况

稻田土壤养分的有效化，与其在土壤中的转化过程和影响条件有关，而水分状况是最重要的因素。在淹水灌溉条件下，稻田保持一定的渗漏量，以便将田面水中溶解的氧气带入根区，降低土壤还原性，减少有毒还原物的积累和危害。在非充分灌溉条件下，稻田土壤经常暴露在大气中，且田面出现大量裂缝，根系土壤空气充足，典型稻田土壤氧化还原电位（E_h）实测值见表 8-18。在非充分灌溉条件下，稻田内好气性微生物活动旺盛，有机酸和其他有机、无机还原物等有毒物质较少，不需要利用渗漏作用来淋洗有毒物质。正是由于水分状况的改变和土壤通气条件的改善，促进了还原物质的氧化，加速了有机质的分解和迟效养分的活化，使非充分灌溉稻田土壤潜在肥力得到充分发挥，而由于渗漏大幅度减少，又相应地减少了养分流失。根据广西桂林灌溉试验站的实例，非充分灌溉稻田速效氨、速效磷和速效钾分别比淹灌稻田高 20%～25%、10%～15% 和 30%～40%。

表 8-18　不同时期受旱稻田土壤 E_h 实测值（1995 年，桂林，晚稻）

处理	不同测定日期（月-日）的 E_h（mV）			
	09-15	09-20	10-04	10-13
正常灌溉	400	395	390	370
分蘖期重旱	401	410	428	450
拔节孕穗期重旱	400	408	419	440
抽穗开花期重旱	403	405	395	445
乳熟期重旱	395	400	410	450
分蘖期至拔节孕穗期连中旱	400	405	415	430
拔节孕穗期至抽穗开花期连中旱	415	410	420	435
抽穗开花期至乳熟期连中旱	395	405	406	430

四、水稻非充分灌溉技术的实施要点

水稻节水灌溉一般是在保证不减产的情况下，减少无益消耗，比如雨后适当深蓄提高降雨有效利用率，通过干湿交替减少过多的渗漏及奢侈的棵间蒸发，有时也适当减少奢侈蒸腾。只有在特殊干旱条件下，无法保证丰产时，才采取非充分灌溉技术。根据不同受寒条件下水稻生长发育及产量等指标的变化规律，总结出以下水稻非充分灌溉实施要点：

（1）一般应根据水分生产函数模型，基于各阶段反映缺水减产的水分敏感指标的大小，通过优化方法确定各阶段的合理灌溉用水量。

（2）在没有详细的数学模型时，可按以下方法进行非充分灌溉技术的实施。

①宜在非敏感期稻田短期受轻旱甚至中旱，避免重旱。

②避免在敏感期受旱，特别是在此阶段受重旱。

③避免两个阶段连续受旱，在水量分配上，宁可一个阶段受中旱，也不使两个阶段受轻旱。宁可一个阶段受重旱，也不使两个阶段受中旱。更要避免三个阶段连旱。

（3）实施水稻非充分灌溉时，由于田间水分的减少，田面温度白天明显高于淹灌，因此应该避免稻田温度超过水稻生物学允许最高温度；否则，会破坏水稻生理性能，影响水稻正常生长发育。南方双季晚稻生长前期和北方中稻抽穗开花期正值高温季节，田间土壤水分过少，均可能导致稻田温度过高，应采取相应防护措施。

第九章 水稻节水灌溉技术示范与推广

第一节 广西水稻节水灌溉技术推广模式与应用

广西在推广水稻浅湿晒灌溉技术工作中，采取了任务合同、岗位责任、统一调水、点片示范、宣传培训、部门协作、专家指导、评比检查、表彰奖励等一系列措施。对于这些措施，要求在当地把它们有机的结合起来，而且通过各级推广办公室的简报和现场会进行全区性的指导和交流。现以广西推广千万亩水稻节水灌溉技术为例，介绍其具体的推广模式。

一、签订任务合同、制订实施方案

1990年由桂林市农田灌溉试验站、桂林市水利局率先在平乐、荔浦两县推广水稻浅湿晒灌溉技术24万亩，取得了明显成果并受到水利厅高度赞扬后，全区紧接着扩大面积推广水稻浅湿晒节水灌溉技术百万亩，也取得显著成效。借鉴该技术成功的推广经验，水利厅领导决定从1992年开始将推广面积扩大到千万亩（早、晚稻合计）。为搞好这一工作，首先请武汉水利电力大学、广西农业大学、农业厅有关专家、教授对项目的可行性进行论证，然后在容县召开的全区水利工作会上，对水稻节水灌溉工作作了专门的研究和布置，向各地（市）水电局下达了任务，提出了具体要求。同时，还将"千万亩水稻节水灌溉技术开发"有关的《项目管理办法》、《项目经费管理办法》、《项目奖励办法》、《项目合同书格式》，以及一些表格等交会议代表讨论修改。根据修改后的内容，水利厅下发了《关于开展千万亩水稻节水灌溉工作的通知》，要求在全区范围内开展千万亩水稻节水灌溉工作，并将项目的实施、管理和奖励等办法随文下发。为确保项目工作的顺利开展，要求各地（市）要根据文件内容，落实好推广面积，建立组织机构，做好前期工作。经过充分准备，在南宁召开了全区推广"千万亩水稻节水灌溉技术开发"项目合同签订会议，各地（市）水电局及青狮潭管理局的领导分别与吴锡瑾厅长在合同书上签了字。会后，各地认真贯彻落实项目合同签订会议精神。各级政府对此项工作很重视，将水稻节水灌溉列入农业高产、优质、高效技术开发项目，成立了有科委、农委、农业、统计、水电等部门领导参加的水稻节水灌溉领导机构，由当地分管农业的专员、市长、县长和乡（镇）长任组长或指挥长，下设办公室挂靠在水电局或农委，落实专人负责节水灌溉工作。在做好上述工作后将广西"千万亩水稻节水灌溉技术开发"项目上报自治区科委，得到区科委的大力支持，与区科委签订正式合同，项目被列入了自治区星火计划，实现了全区性有领导、有组织、有计划的推广实施。

二、运用系统工程原理，建立领导实施网络

大面积推广水稻浅湿晒灌溉制度，实质就是改变广西长期以来种植水稻的灌水方法，水库管水人员不能像过去一样只管放水，不管作物生长需要，千家万户的农民也不能再像过去一样，有水就漫灌、串灌，无水就望天。它要求各级管水人员按浅湿晒灌溉制度的要求灌水、管水，又要求农民接受这一新的灌水模式。由于广西基层水管组织还不够健全，管水人员及广大农民科技素质也不够高，推广面积这么大，涉及面这么广，要实施该项目难度是相当大的。为此，在项目实施工作中他们运用系统工程原理，建立了党政领导、技术推广、基层服务几大系统网络的联结，以科技为纽带将有关各方结合在一起，把部门行为上升为政府行为，将项目实施与农民和国家的切身利益紧密的联系起来。将节水灌溉与农业高产、优质、高效结合起来。事实证明，这一有力的领导实施网络在项目推广过程中发挥了巨大作用，成为项目顺利实施的基础和保证。

水稻浅湿晒灌溉制度是根据广西十几个灌溉试验站多年试验资料统计分析所得的成果，在广西有广泛的适用性。但是推广的过程中一定要结合当地具体情况，灵活掌握，否则也会出问题。在平乐县因机械地实施，曾造成过失误。当水库按浅湿晒灌溉制度成果中晒田的要求，晒够了 7 d，要开闸放水灌田时，因渠道渗漏严重，渠尾不能按时得到应有的水量，致使稻田未能得到及时灌溉，造成人为的干旱而减产。这是一次很大的教训，说明不能硬性按成果要求机械的执行，一定要根据水利工程现状、作物及土壤情况灵活掌握，决不能教条，否则将适得其反。

三、搞好宣传培训、评比检查、奖励

为搞好大面积上的节水灌溉，需要统一思想、统一认识，要求各级干部群众了解和掌握浅湿晒灌溉技术的要求和注意事项。鉴于基层干部和群众科技素质还不够高的现状，他们在宣传培训方面做了很多工作。各地（市）、县、乡（镇）和灌区采用召开会议、办黑板报、建宣传栏、张贴标语、印发资料、举办培训班、组织现场参观和评比验收等各种形式进行宣传，融安县还出动宣传车到各乡（镇）进行宣传和技术咨询。据统计，全区共建立田头宣传栏 0.1 万多个，办黑板报 0.2 万多期，书写宣传标语 1 万多条，印发技术资料 90 多万份，举办培训班 3 606 期，受教育的干部和农民达到 28.67万人次，还设立了项目示范片 1 448 片，对照试验点 1 821 个。通过宣传培训，扩大了节水灌溉骨干队伍，使广大干部群众统一了认识，更新了灌溉观念，在农村初步形成了人人讲浅湿晒，个个说节水的局面。

一个全区性的，有几十万人参加，涉及 250 多万户农民的项目，建立实施网络，进行了宣传培训还不够，还必须随时进行检查评比并在此基础上及时进行表彰奖励。各级机构对这项工作都抓得很紧。两年来自治区水利厅对工作作出突出贡献的单位及个人颁发了奖状和荣誉证书。个人获奖人数达到 2 000 多人次，各地（市）、县也分级进行了表彰奖励。

四、部门密切协作，使节水灌溉与农业措施有机地结合起来

"千万亩水稻节水灌溉技术开发"项目的实施，涉及科研、农业、气象、统计等部门，是一项系统工程，没有有关部门的支持和帮助，没有专家、教授们的指导，就难以取得预期的效果。为此，水利厅多次邀请区科委、农业厅、农业大学、水稻研究所、农业技术推广站等有关的专家、教授共同参加有关的研讨会、总结会，进行指导和咨询，并邀请他们到各地、市、县参加水稻节水灌溉的检查、验收工作。专家们对如何搞好全区节水灌溉工作提出了许多宝贵意见。各地、市、县也做了类似的工作，促进了本项目卓有成效的实施。

广西对"千万亩水稻节水灌溉技术开发"项目进行了两年的推广，经济效益和社会效益方面都取得了颇大的成绩。据全区各地（市）、县对大面积"科灌"总节水、总增产分析计算：1992~1993 年两年的早、晚稻，全区共推广节水灌溉面积 2 672.66 万亩，总节水253 097.68万 m^3，平均每亩节水 94.7 m^3；总增产粮食 67 200.33 万 kg，平均每亩增产粮食 25.14 kg。与此同时，改变了农民串灌、漫灌的不良习惯，减轻了旱灾的威胁，节约了大批抗旱经费，增强了农民的科技灌溉意识，减少了水事纠纷，提高了水利管理人员素质，充分发挥了工程效益，增加了农民收入，促进了农村经济发展。

第二节　湖北水稻节水灌溉技术推广模式与应用

一、推广水稻节水灌溉与综合施肥模式的必要性

水稻为湖北省最主要的粮食作物，稻谷产量占全省粮食总产量的70%。由于年际与年内降雨分配不均和水资源在地区间分布极不均匀，省内有一千余万亩稻田受干旱威胁，加之工业及城镇生活用水的急剧增长，缺水问题日益突出，特别是鄂北岗地与荆（门）—钟（祥）—京（山）山陵区，水资源严重不足，旱灾发生的频率高，几乎平均 3~5 年便发生一次旱灾。所以，水稻节水灌溉成为湖北省发展"两高一优"农业的最重要措施之一。

从 20 世纪 50 年代末到 70 年代末，湖北省推广了浅灌晒田、湿润灌溉、干湿交替灌溉以及浅湿晒灌溉等水稻节水高产灌排模式，特别是其中的浅灌晒田与干湿交替灌溉，到 80 年代初，基本上取代了原有的长期深水淹灌模式。根据湖北省的灌溉试验资料及推广的统计成果，与长期深水淹灌模式相比，运用浅灌晒田或干湿间歇灌溉模式，可节水100~170 m^3/亩，即节水 20%~30%，增产 30~50 kg/亩，即增产 10%~15%。80 年代以后，漳河灌区等地推广干湿间歇灌溉与雨后中蓄，在原有节水、增产的基础上，进一步节水 10%~20%，增产 5%~10%。

20 世纪 90 年代后，采用间歇灌排模式，改变稻田以施基肥为主的习惯，以施追肥为主。在不增加施肥总量的基础上，降低基肥氮肥比例，使追施的氮肥占总施用量的70% 左右。经过 3 年试验，采用这种灌排与施肥结合的新技术，大幅度降低氮肥挥发量，提高水稻对氮肥的吸收量与土壤中氮肥的存贮量，抑制了在采用高效节水灌溉技术

后土壤肥力下降的趋势。从 1998 年起，3 年以来，在漳河灌区约 205 万亩的稻田、广西桂林市约 41 万亩的稻田推广应用了这一综合技术，与当地以往单纯采用的间歇灌溉与薄浅湿晒灌溉方法相比，又取得了节水 5% ~10%、增产 6% ~7% 的效果。随后在水资源缺乏、干旱严重、水稻生产潜力巨大的随州市推广。

二、推广技术模式

推广的技术模式为：水稻高效节水、持续高产的灌排与施肥综合技术，分为灌溉和施肥两个环节。

（一）灌溉

水稻田间灌排采用干湿间歇灌溉模式，即在水稻返青期保持 10 ~40 mm 的水层，分蘖末期晒田 3 ~7 d，黄熟期自然落干；其余阶段，灌水后水层深度达 30 ~40 mm，至水层消耗完并使土壤含水量下降到饱和含水量的 80% 左右时再次灌水，如此进行反复地干（无水层，土壤水分在饱和含水量以下）淹（有水层）交替，亦即，在这些阶段，无雨条件下，一般每隔 6 ~8 d 灌水一次，灌水量 50 ~60 mm，形成每次灌水后田间有水层 4 ~5 d、无水层 2 ~3 d，反复进行。表 9-1 及图 9-1 为间歇灌溉模式田间水分控制标准及变化过程示意图。

表 9-1　　间歇灌溉模式田间水分控制标准（湖北漳河，中稻）

项目	返青期	分蘖前期	分蘖后期	拔节孕穗期	抽穗开花期	乳熟期	黄熟期
灌前下限（占土壤饱和含水量的比例,%）	100	85	65 ~70	90	90	85	65
灌后上限（mm）	30	40	晒	40	40	40	落
雨后极限（mm）	40	50	田	80	80	50	干
间歇脱水天数（d）	0	3 ~5	田	1 ~3	1 ~3	3 ~5	干

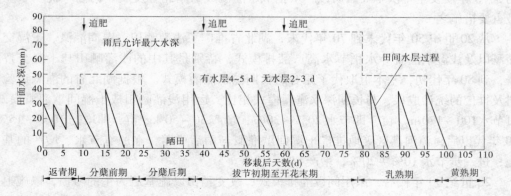

图 9-1　　间歇灌溉田间水分控制变化过程示意图

（二）施肥

氮肥采用施基肥与三次追肥相结合，第一次追肥在分蘖初期，即插秧后 10 d 左右（分蘖肥）；第二次在拔节初期，约插秧后 40 d（拔节肥）；第三次在抽穗初期，约插秧后 60 d（抽穗肥）。总施肥量（其中氮肥为 150 ~ 225 kg/hm²）保持不变，但氮肥在基肥中占 30% 左右，在追肥中占 70% 左右。三次追肥比例分别为 30%、30%、10%。其他钾肥、磷肥的施肥量及时间与原有施肥习惯一样。

该项技术是间歇灌溉与改进的施肥方法相结合的综合措施，由国际水稻研究所于 20 世纪后期提出，是一项高效节水、促进高产的先进技术。具有操作与控制较容易、便于推广的优点。但这项技术必须采用节水灌溉技术与改进的施肥方法相结合；否则，施肥方法不改进，多年以后会因大幅度增加氮肥的挥发损失（占总氮施肥量的 30% 以上）而导致土壤肥力下降、减产与恶化土壤。采用改进施肥方法，可降低氮肥挥发损失，增加供水稻吸收与贮存于土壤中的氮肥，有利于高产和提高土壤肥力，不仅可以持续高产，而且有利于土壤环境的改善。

三、推广应用

2001 ~ 2003 年该技术在随州市的 100 万亩稻田中推广，主要采取了以下措施：

（1）分阶段逐步推广。2001 年推广 10 万亩；2002 年再推广 20 万亩，共 30 万亩；2003 年再推广 70 万亩，推广面积总共达到 100 万亩。

（2）开展示范性大田试验。在计划推广的每个乡，选一组典型对比田块开展示范性对比试验，将推广的灌溉与施肥结合技术与当地农民原有灌溉与施肥技术安排在地理位置相邻，并且条件相似的稻田中进行对比，比较两者的灌溉水量、产量及土壤肥力变化情况，将实际情况示范于农民。2001 ~ 2003 年，每年均开展此试验。

（3）培训。组织 4 期培训班，每期利用 4 ~ 5 d 时间，从培训骨干人员入手，再到培训推广实施人员，共培训人员 250 余人次。

（4）渠系及田间工程建设。推行该项技术，需要渠系完善，建筑物齐全，水源有保证，田面平整，做到及时灌排，水层、水量控制比较准确。

四、推广效果

根据本推广项目示范田和传统灌溉与施肥对照田测产结果，32 组典型对比田块的平均值统计，亩增水稻产量 188.9 kg，增产率达 33.7%。考虑灌溉效益分摊系数后，灌溉与综合施肥节水的亩增量为 94.45 kg，增产率达 16.85%。

根据示范田与对照田对比观测、当地灌溉水源封江口水库放水记录以及试验站精细观测记录，在大面积上，推广本项目亩节约毛灌溉用水量 70 m³／（亩·季）。

同时，实施 3 年的典型观测表明，推广该技术不仅减少了氮肥挥发损失，抑制了因单纯推广节水灌溉而导致土壤肥力下降的趋势；而且由于采用间歇灌溉，田面经常处于干干湿湿的状态，改善了稻田土壤通气，从而有利于好气微细菌生长，可显著降低各类病虫害的发生率，为高产提供了保证。

五、主要做法

（一）建立推广领导小组及基层组织机构，落实推广任务

由随州市曾都区政府、湖北省水利厅有关处室主要领导全面领导推广工作；区水利局为技术主管单位，农业局为技术协作单位，武汉大学水利水电学院为技术依托单位，负责推广项目的宏观控制、发动宣传、培训技术骨干、下达计划、检查、总结；乡（镇）长和水利站长、农机站长、推广村的村组长等骨干人员组成推广小组，负责具体实施、现场观测，整理资料。

（二）开展培训和宣传

为了让各级干部和广大群众了解和掌握间歇灌溉与施肥综合技术的要点和注意事项，武汉大学水利水电学院在推广前分别编印了《水稻高效节水与持续高产的灌排技术》培训教材 1 000 份，主要用于各级干部及灌水员等技术人员的技术培训；《水稻高效节水与持续高产的灌排技术》成果推广技术常识 5 000 份，主要用于各级灌水员及示范片农户的培训及指导日常灌水、施肥等。《水稻高效节水与持续高产的灌排技术》成果推广技术要点 10 000 份。本技术要点介绍本推广技术的技术要领，并发放到推广区的每一个农户手中，以便农民参照进行田间水肥管理。除编印不同的技术材料外，还将《水稻高效节水与持续高产的灌排技术》制成录像带及光盘，在电视台及广播电台定时播放，及时组织广大农民观看。

（三）建立了示范点和示范片

为了让农民直观地认识、了解和学习水稻高效节水与持续高产的灌排技术，带动周围的推广工作，在项目推广的主要地区——封江口水库灌区，分两片共计选用了 32 户农民的水稻田作为示范点。让农民看到了这些点、片实实在在的节水、增产的效果。

（四）进行精细对比灌溉试验

在封江口灌区内的车水沟灌溉试验站安排田间小区对比试验，以便检验当地《水稻高效节水与持续高产的灌排与施肥综合技术》的具体控制指标，主要是结合当地干旱情况及土壤特性，寻求合理的水肥控制标准。同时，结合试验站对不同处理下水稻生理生态和产量及其构成的分析，为本推广技术在当地的适用性提供了理论依据。

（五）认真检查指导，做好评比奖励

加强检查指导，及时发现和解决存在的问题。2001 年推广领导小组及武汉大学的专家到现场检查共计 8 次，在插秧至分蘖前期、晒田、抽穗至乳熟期，分级组织联合检查组，层层进行检查、评比，召开现场会。这样既提高大家的认识，又可增强责任心。通过检查、评比，对于工作做得好的单位和个人，及时进行了表彰奖励。

（六）建立健全水管技术队伍

在健全乡镇水利站的同时，成立村管水小组（或村水利委员会），村管水小组设组长 1 名（总接水员），看水员 2~3 名，负责本村的用水管理，按间歇灌溉的技术要求配水到田。

（七）计划用水，统一调度

封江口水库 2001 年根据天气预报，按"间歇灌溉"的技术要点制订和修改放水计

划，在 2001 年水稻生育期总降雨只有 111 mm 的干旱年里，确保了全灌区 11.4 万亩水稻大旱之年的丰收。

第三节　浙江水稻薄露灌溉技术推广模式与应用

一、水稻薄露灌溉技术模式

水稻薄露灌溉技术，是在以往干干湿湿的灌溉技术基础上，经多年试验不断改进后提出来的一项水稻灌溉先进技术。其特点是：除水稻返青前外，大部分生长期采用薄层水灌溉，然后自然落干露田，直至田面将裂或微裂时再灌。比之传统淹灌，能减少稻田蒸发渗漏，又能改善水稻根系发育条件，从而达到节水增产的目的，这是水稻灌溉技术的一项重大突破。根据浙江省水利厅对各试点县示范片抽样调查，采用这一技术，早、晚两熟平均每亩可节水 134 m³，增产稻谷 115 kg，并可降低农业成本数 10 元。"少灌百方水、多打一担粮"是水稻薄露灌溉技术形象的比喻。

无水层灌溉，是严格的薄露灌溉，是在秧苗返青后田面不留水层，是根据水稻不同生育期的需要，采用沟灌使土壤保持 70% ~ 100% 的含水量；按常规一季水稻需灌水 12 ~ 20 次，而这种方法，只灌 2 ~ 6 次，灌溉水量节省 50% 以上，产量却还能增加。这项技术操作简单，现介绍其中 2 种。

（1）水种湿管。就是在插秧（或抛秧）、返青期间，田面留有薄水层或"半水半露"，保持土壤充分湿润，以利于秧苗扎根返青。稻秧返青后田间"只湿不淹"，而是充分利用降雨和少量几次"沟灌"补水，只在水稻对水分最敏感的关键期（孕穗期、抽穗杨花期）保持土壤饱和水量，其他生长期内，田间水分只占饱和水量的 70% ~ 90%。

（2）湿播湿管。即在土壤水分饱和，整成软泥苗床的田块直接播洒已催出短芽的谷种，不再移栽，这种"半旱秧"有较强的生命力，灌水方法同前。

编者曾在离河姆渡博物馆约 400 m 的公路边设立示范区，采用水种湿管方式。这里直接引用名叫郑炳江的试验农民的话表述这种灌水方式："插秧后 10 d 内保持畦面有水，10 d 后畦面就不要有水层，一直到收割畦面都不灌水。如晴天日子长，畦面见白了，只需沟里灌水就可以，雨天过长要把水排掉。插秧后 1 星期需要施追肥，这时畦面水层已很薄，是施肥的好机会。插秧 10 d 后，因畦面都不灌水，所以后期施肥除虫要在下午、傍晚进行，因夜里有露水，能帮助肥料和农药的吸收"。

二、推广应用主要经验

（一）政府主导、落实责任

应用水稻节水灌溉技术，首要效益是节水，节水是社会效益，但与农民的直接利益并不密切；水稻节水灌溉能增加产量，但对家庭经营规模的农户而言，多收百十斤粮食，增收百十元钱，无非是一个"小工"工资，缺少吸引力。

就农民自身利益而言，应用水稻节水灌溉技术的积极性并不高。但是水稻节水灌溉技术，同时攸关国家粮食安全和水资源安全两件大事，这项公益性技术的推广必须由各级政府主导。

基于这样的认识，浙江省各级政府、水行政主管部门十分重视水稻薄露灌溉技术的推广。

1. 组织有力、行动迅速

余姚市推广这项技术在全省"一马当先"，余姚市委市政府把推广水稻薄露灌溉技术作为科技兴市的重要内容。水利、科技、农业部门认识到位，积极组织薄露灌溉推广应用，使全市水稻田全部实现节水灌溉。1994 年 7 月 23 日，宁波市水利局邀请宁波市科委、农经委、农业局、农科院的 6 位专家到余姚测产，严格规范取样，经过反复核实，结果薄露灌溉示范田每亩增产 85.6 kg，取得可喜成果。在此基础上，浙江省水利厅从"农田水利就是为农业服务"的思想出发，大规模组织开展水稻薄露灌溉技术示范与推广。"少灌百方水，多打一担粮"技术迅速被嵊县、新昌、义乌、余姚、平湖、衢州等地积极推广，全省早稻推广面积达到 50 万亩左右。宁波市水利局主要领导在动员会上强调："推广薄露灌溉技术，每亩能节省 100 m³ 水（早晚两季），我市如推广 100 万亩，可节水 1 亿 m³，除这项技术以外，谁有那么大的本事能节约 1 亿 m³？我自告奋勇来当这项技术推广领导小组的组长！"

2. 典型引路、现场推广

1994 年 7 月 24～25 日，省政府到余姚召开薄露灌溉推广工作现场会，参加会议的代表有各市（县）政府分管农业的领导，地、县水利局长，省农业厅、省科委、省科协、省农科院、浙江农业大学、中国水利稻所、各主要新闻单位记者共计 140 余人。省水利厅主要领导全部到会，一位老领导激动地说："新中国成立以来，省政府专门为推广一项水利技术召开现场会还是第一次"。会上时任副省长刘锡荣作了 1 h 的主题报告，要求各地把推广工作与土地适度规模经营结合起来，抓好连片推广与服务配套工作；对在推广工作中作出突出贡献的要给予表彰和奖励；新闻单位要紧密配合，做好宣传工作。最后他强调：各地要加强领导，认真抓好组织、计划、宣传、培训等工作，加强推广步伐，力争在 3 年之内完成和超额完成推广 500 万亩的任务。其间省领导和与会代表先后参观了薄露灌溉示范田，刘副省长刚走近示范田就高兴地连声说："这块是薄露灌溉，我一眼看出来啦"！在听取镇领导的汇报以后，他马上总结出这项技术具有"四节二增"效益，即节水、节电、节本、节工，增产、增收。

（二）宣传得力、经费落实

1. 从身边的事例讲起

1993～1994 年，科研人员以"少灌百方水，多打一担粮"为题到各乡（镇）作科普讲座：

"水稻喜水又怕水，作物需水是靠根系吸收的，稻根部长期浸水中，不但没有必要而且是有害的，早在 70 年代我省著名劳动模范胡香泉先生就总结出'水稻水稻，以水养稻，灌水到老，病虫到脑，烂田割稻，谷多米少'。正如人需要水，是靠嘴巴喝进去，把两只脚浸在水中是没有用的，反而会生脚气病。同样，稻需要水，是靠根系吸进去的，把茎秆子浸在水中不但没有必要，而且还有害"。

"人需要吸入氧气，呼出二氧化碳，如蒙被子睡觉，氧气不足对健康不利。同样，作物根系也需要吸入氧气，放出二氧化碳，如田面长期淹水，土壤缺少氧气，就会发生黑根、烂根"。

"一个人如果有胃病，甚至切掉四分之三，就不可能健壮，作物根系如果有病（白根是命根，黄根是病根，黑根已丧命），就影响水分和肥分吸收，就会造成低产。"

农民说，你这样讲我们听得懂。有一位村党支部书记理解得更加"传神"：薄露灌溉就是田面"少灭起，不白起"（少淹水，不白田）。

2. 水面种稻成功的启示

科研人员还以推广中国水稻所的一项科研成果水面种稻为例子，进一步解放农民的思想。

20世纪80年代，中国水稻研究所专家展开了水面种水稻的试验，浮体材料中挖孔，在孔中种稻，稻根埋设缓释肥料，把浮体固定在水面，获得了亩产470 kg的好收成，这证明水面种稻在技术上是完全可行的，只碍于经济性尚不能推广，而作为"储备技术"。

水面种稻，不但种活，而且高产，给我们两点启示：

第一，水稻茎秆"一辈子"不淹水也能生长。水面种稻，茎秆都在浮体的上面，整个生育期没有被水淹过，但还是正常生长，可见水稻不一定要淹水灌溉。

第二，水稻根系"一辈子"淹在水中，也能高产。水面种稻，根系"一辈子"浸在水中，但因为湖泊或河道水体深达数米，容积大，溶氧量大，根系不存在缺氧问题，所以仍能正常生长。由此使我们明白：根部水多本身无害，而是水中缺氧才有害，这又从反面证明水稻"灌薄水、常露田"的科学性。

3. 大幅标语上墙宣传

在各乡（镇）刷写大幅宣传标语，让农民通俗易懂，如"薄露灌溉好，省工省本产量高"、"薄灌好，不花钱，能增产"、"少灌百方水，多打一担粮"、"水稻要水又怕水，灌水太多反有害"、"薄露灌溉，减轻病情，缓和涝情（稻田能多蓄雨水）"、"水稻无须水中泡，干干湿湿反而好"等。

同时在《余姚报》连续发表三篇科普文章，分别介绍薄露灌溉的操作方式、增产原因和推广前景。1994年7月13日，《浙江日报》发表了题为《少灌10亿方水，多产10亿斤》的科普文章。

4. 保证推广工作经费

薄露灌溉属于非工程措施，应用这项技术不增加任何生产成本，而只会节约电费，但是推广这项技术，需要示范、动员、验收、科普宣传等工作经费，余姚在1993～1995年，推广面积35万亩，安排专项经费45万元，大致每亩1.3元，相对于工程节水，是微不足道的"小钱"，但这些小钱一定要！

（三）示范对比、让事实说话

俗话说，百闻不如一见，试验示范田是最直观、最有效的办法。余姚市1993～1994年开展"横向"示范，即同时在每个稻区乡（镇）建立薄露灌溉对比示范田，让农民在本乡本镇就能看到"样板"，"本地的示范最可信"，这也是余姚仅用3年（1993～

1995 年）就实现基本普及薄露灌溉的原因所在。

　　1998 年至今，余姚市开展"纵向"示范，即在一个点上持续多年进行水稻薄露灌溉对比示范。

　　示范点从 1998 ~ 2010 年，历经 13 年，对比结果：早、晚稻平均增产 44.4 kg/亩（增加 10.5%）、46.5 kg/亩（增加 9.9%），见表9-2。经 7 年测量结果：早稻平均灌水2.7 次，灌水量 54 m³/亩，少灌水 3.3 次，节水 55.3 m³/亩（减少 51%），晚稻灌水4.3 次，灌水量 68 m³/亩，少灌水 4.7 次，节水 94.3 m³/亩（减少 58%），见表9-3。

表9-2　水稻无水层灌溉产量对比　　　　　　　　　（单位：kg/亩）

年份	早稻				晚稻				合计	
	薄露灌溉	常规灌溉	增产	%	薄露灌溉	常规灌溉	增产	%	增产	%
1998	(524)				519.3	434.7	84.6	19.5		19.5
1999	440	408	32	7.8	443.5	364	79.5	21.8	111.5	14.4
2000	449	419	30	7.2	498	484	14	2.9	44.0	4.9
2001	457	429	28	6.5	593	550	43	7.8	71.0	7.3
2002	422	402	20	5.0	533	502.5	30.5	6.1	50.5	5.6
2003	—	—			520	494	26	5.3	—	—
2004	462.5	410	52.5	12.8	526	503	23	4.6	75.5	8.3
2005	520	431	89	20.6	484	430	54	12.6	143	16.6
2006	511.5	452.5	59	13.0	530	480	50	10.4	109	11.7
2007					580	521	59	11.3		
2008					560	509	51	10.0		
2009					525	483	42	8.7		
2010					540	492	48	9.8		
平均	466	421.6	44.4	10.5	527.1	480.6	46.5	9.9	91	9.2

　　注：1. 1998 年早稻为完全旱种，即在菜地种稻，无对比，产量未计入平均数。

　　　　2. 2007 年起只种单季晚稻。

表9-3　水稻薄露灌溉水量对比　　　　　　　　　（单位：m³/亩）

年份	早稻							晚稻							合计			
	雨量(mm)	薄露灌溉		常规灌溉		节水	%	雨量(mm)	薄露灌溉		常规灌溉		节水	%	薄露灌溉	常规灌溉	节水	%
		次数	水量	次数	水量				次数	水量	次数	水量						
2003	114	4	72	8	138	66	48	80	7	118	7	219	101	46	190	357	167	47
2004	200	3	67	4	108	41	38	221	4	95	7	142	47	33	162	250	88	35
2005	66	3	47	7	113	66	58	275	3	47	9	128	81	63	94	241	147	61

续表 9-3

年份	早稻						晚稻							合计			
	雨量（mm）	薄露灌溉		常规灌溉		节水	%	雨量（mm）	薄露灌溉		常规灌溉		节水	%	薄露灌溉	常规灌溉	节水	%
		次数	水量	次数	水量				次数	水量	次数	水量						
2006		1	30	5	78	48	62		4	53	10	149	96	64	83	227	144	63
2007								170	5	64	12	184	120	65				
2008								90	3	47	10	138	91	66				
2009								160	4	51	8	143	92	64				
2010									4	68	11	195	127	65				
平均	127	2.7	54	6	109.3	55.3	51	166	4.3	68	9	162.3	94.3	58	132.5	269	136.5	52

第四节　宁夏引黄灌区节水灌溉技术推广模式与应用

宁夏地区少雨干旱，同时受黄河水资源统一调配限制，干渠引水困难，农业供需水矛盾突出。针对上述特点，提出了适合宁夏地区的水稻综合节水模式，以水稻控制灌溉技术为核心，并研究提出了关于品种选择、旱秧、插秧密度、科学施肥等内容的农艺配套措施和水价改革等管理配套措施。自 2006 年以来，采取小区示范—扩大示范—大面积推广—全面推广的步骤，制定地方标准《宁夏节水高产水稻控制灌溉技术规程》，重点在中卫、利通、灵武、青铜峡、贺兰、中宁、永宁等县市区推广应用。截至 2009 年，在引黄灌区推广应用该项节水成果，累计应用面积达 247 万余亩，直接经济效益近 1.8 亿元。

一、引黄灌区水稻控制灌溉模式

宁夏的水稻控制灌溉模式以水稻各生育阶段灌水间隔天数作为灌水的参考依据，各县市针对不同的轮灌制度、灌溉保证率等实际情况参照灌水间隔天数进行灌水。在水稻生长各个生育阶段，应注意天气预报，遇雨延迟灌水或不灌水，合理利用雨水，遇低温冷害天气要及时灌水保温应对。

各生育阶段根层土壤水分控制标准如下：

（1）秧苗移栽后，薄水促返青。田面水层深度低于 10 mm 时灌水，灌水后田面保留 30 mm 水层深度。遇雨可蓄存雨水但不能淹苗心。遇延迟性低温冷害天气，应灌水护苗。相邻两次灌水间隔天数为 2～3 d。田间水层深度上限为 30 mm，下限为 10 mm。

（2）分蘖前期，轻控促分蘖。在田面无水层、田表土壤稍有沉实、脚踏陷脚及粘脚时进行灌水；在入田水流至田块长度的 80% 时停止灌水，灌水后田面不再建立明水层。遇雨蓄存雨水不超过 5 d。相邻两次灌水间隔天数为 3～4 d。稻田土壤水分上限为饱和含水量，下限为饱和含水量的 80%。

　　（3）在水稻分蘖中期，中控促壮蘖。在田面沉实、土壤不粘脚、局部有细小裂缝时进行灌水。在入田水流之田块长度的80%时停止灌水，灌水后田面不建立明水层。遇雨排干田面积水。相邻两次灌水间隔天数为4~5 d。稻田土壤水分上限为饱和含水量，下限为饱和含水量的70%。

　　（4）在水稻分蘖后期，中控促转化。在田面脚踏不陷脚、可见1 cm左右的裂缝时进行灌水。在入田水流至田块长度的80%时停止灌水，灌水后田面不建立明水层。遇雨及时排干田面积水。相邻两次灌水间隔天数为5~7 d。稻田土壤水分上限为饱和含水量，下限为饱和含水量的60%。

　　（5）在水稻拔节孕穗前期，壮秆促大穗。在田面沉实、脚踏有浅脚印时进行灌水。在入田水流至田块长度的80%时停止灌水，灌水后田面不建立明水层。遇雨蓄水不超过5 d。相邻两次灌水间隔天数为5~6 d。稻田土壤水分上限为饱和含水量，下限为饱和含水量的70%。

　　（6）在水稻拔节孕穗后期，促颖花发育，提高穗粒数。在田面沉实、无裂缝、脚踏不粘脚时进行灌水，在入田水流至田块长度的80%时停止灌水，灌水后田面不建立明水层。遇雨蓄水不超过5 d。遇障碍性低温冷害天气应及时灌水保温。相邻两次灌水间隔天数为5~6 d。稻田土壤水分上限为饱和含水量，下限为饱和含水量的80%。

　　（7）在水稻抽穗开花期，养根保叶提高结实率。在田面沉实、无裂缝、脚踏不粘脚时进行灌水，在入田水流至田块长度的80%时停止灌水，灌水后田面不建立明水层。遇雨蓄水不超过5 d。相邻两次灌水间隔天数为5~6 d。稻田土壤水分上限为饱和含水量，下限为饱和含水量的80%。

　　（8）在水稻乳熟期，养根保上三叶、提高千粒重。在田面沉实、无裂缝、脚踏不粘脚、无脚印时进行灌水。在入田水流至田块长度的80%时停止灌水，灌水后田面不建立明水层。遇雨排干田面积水。相邻两次灌水间隔天数为7~10 d。稻田土壤水分上限为饱和含水量，下限为饱和含水量的70%。

　　（9）在水稻黄熟期，健叶青秆实谷、活棵收割。在引黄灌溉干渠停水前因地制宜适时适量灌水后，保持自然落干状态至收割，不再进行灌水。

二、水稻移栽密度与施肥

　　在旱育壮秧、节水控制灌溉条件下，水稻插秧以规格30 cm×13 cm，每穴3苗，插植密度为5万/亩，产量最高；其有效分蘖期长，分蘖成穗率较高，群体结构合理，个体发育充分，收获穗适宜、穗粒数高、空秕率低、千粒重高，产量构成因子协调。

　　在旱育壮秧大田稀植、未施农家肥条件下，采用节水控制灌溉，亩施纯氮15 kg水平产量最高，在施氮10~15 kg范围内增加氮肥用量边际产量最高，用回归方程求得最高产量施氮量为15.93 kg，经济产量施氮量为14.49 kg；随着施氮水平的提高，可以明显地增加分蘖，以15 kg施氮水平分蘖成穗最高，且群体结构合理，个体发育良好，产量三要素协调。

　　水稻基肥使用方法以全层深施肥为最优，其次为水层表施，再次为无水层表施，不施基肥最差；全层深施肥，肥料入渗较深，肥料不易散失，同时诱导根系向下生长，根系分布较深，养分集中在根系附近，水稻对养分吸收较多，这样可提高肥料利用率，均衡供应整个生长期内对养分的需求，进而达到提高产量的目的；全层深施肥，减少追肥次数，与水稻节水控制灌溉不建立水层相配套，这为提高节水控制灌溉技术到位率，创造了有利的条件。

三、经济与社会效益

自 2006 年以来，在宁夏引黄灌区推广应用该项节水成果，累积应用面积达 247.483 0 万亩，节水 210 ~ 552 m³/亩，总节水量为 86 718.2 万 m³，节水效益达 1 731.0 万元，总增产量 7 754 万 kg，增产效益达 12 187 万元，省工效益为 5 671 万元，4 年总直接经济效益近 17 858 万元，见表 9-4。

项目成果的应用取得了显著的经济效益和社会效益。①改变了当地农民水稻要深水淹灌的传统观念，减少了灌水次数和灌水量，节水量达到每亩 350 m³，缓解了灌溉用水高峰的供需水矛盾，为灌区的适时灌溉和上下游均衡受益做出了贡献；②节水节肥增产效果显著，每亩增收节支近 72 元，减轻了农民负担，增加了农民收入；③节约了水稻灌溉用水量，减少了自治区每年的引黄水量，使黄河下游的用水紧张程度、黄河断流等问题得到缓解；④强化了农田灌溉用水管理，部分乡镇还成立了用水者协会等群众管水组织，农民节水自律的意识明显提高，水事纠纷因之减少，为社会稳定做出了贡献，产生了良好的社会效益。

表 9-4 宁夏回族自治区水稻灌区综合节水模式示范推广效益

年份	面积（亩）	节水量（万 m³）	新增产值（万 kg）	节水效益（万元）	新增利税（万元）	省工效益（万元）	年增收节支总额（万元）
2006	639 900	22 165.1	2 195	373.8	3 165	1 286	4 451
2007	616 080	22 643.5	1 895	474.5	2 823	1 479	4 302
2008	614 760	20 520.6	1 779	433.0	2 848	1 434	4 281
2009	604 090	21 389.0	1 885	449.7	3 351	1 472	4 824
合计	2 474 830	86 718.2	7 754	1 731.0	12 187	5 671	17 858

第五节 江苏水稻节水灌溉技术推广模式与应用

一、江苏省的自然条件

江苏省地处我国东部沿海地区，长江、淮河下游，总面积 10.06 万 km²，分属长江、淮河两大流域，其中淮河流域占 62%，长江流域占 38%，全省位于东经 116°22′ ~ 121°55′，北纬 30°45′ ~ 35°07′。

全省平原辽阔，河湖众多，水网密布，是全国地势最为低平的一个省区，绝大部分地区在海拔 50 m 以下，平原面积占 68.9%，湖泊水面占 16.3%。平原主要由长江三角洲平原、苏北黄淮平原及沿海平原所组成，低山和丘陵约占 14.8%，全省耕地总面积 6 836 万亩，其中水田为 3 550 万亩，占 51.9%，旱田为 3 286 万亩，占 48.1%。江苏省平原面积之多，水域比率之大，低山丘岗地面积之少，在全国各省区中均居首位，故有"水乡江苏"之称。

江苏是全国水域面积比例最大的省份，水网稠密，全省有大小河道 2 900 多条，湖泊近 300 个，水库 1 100 多座。平原地区河渠交叉，河湖相通，流域界线颇难划定，依地势和主要河流的分布状况，全省主要河流湖泊大致可分为沂沭泗水系、淮河下游水系、长江和太湖水系等三大流域系统。沂沭泗水系诸河位于废黄河以北，皆发源于山东沂蒙山区，沿倾斜之地势进入省境，主要河流有沂河、沭河、新沂河、新沭河等；淮河下游水系指废黄河以南，长江北岸高沙土以北地区的河流，主要水道有淮河、苏北灌溉总渠、新通扬运河等水路系统比较完整；长江和太湖水系是指长江北岸高沙土以南地区的河流。长江穿越境内长约 418 km，流域面积 3.9 万 km²，太湖流域为全省湖泊密集区，有大小湖泊 180 多个，江南运河斜贯长江与太湖间，能有效调节水量。

江苏省地处中纬度地带，属暖温带与北亚热带过渡地区，气候温和，雨量适中，四季分明，全省年平均气温 13.2 ~ 16 ℃，江南气温 15 ~ 16 ℃，江淮气温 14 ~ 15 ℃，淮北及沿海气温 13 ~ 14 ℃，无霜期 207 ~ 258 d，全省平均降水量 996 mm。降水量空间分布不均，其中长江流域地区为 1 050 mm，淮河流域地区为 964 mm，年平均降水量最少为徐州市，平均年降水量为 871 mm。降水量年际分布也较悬殊，全省丰水年份，降水量可达 1 500 ~ 1 800 mm，枯水年降水量仅 400 ~ 450 mm。按亩均占有地表年径流量计，全省亩均占有量为 353 m³，其中淮河流域为 340 m³/亩，长江流域为 379 m³/亩。由于降水时空分布不均，当地径流可利用率低，淮河过境水和长江水成为江苏省的主要水源。但淮水的丰枯状况和当地丰枯年型基本同步，年内变化也极相似，偏丰的年份，本地降雨多，上游客水也大量涌入，洪泽湖变为洪水走廊，遇干旱时，上、中游往往关闸蓄水，造成下游河道无水可抽。长江水量稳定且丰富，但因水位低，抽引水工程投资大，运行费用较高。因此，随着工农业用水的增加，江苏省水资源供需矛盾日益突出，水资源不足已成为该省社会经济发展的主要制约要素。

江苏省自南向北土壤类别分别为黄褐土、水稻土、灰潮土、黄潮土等，其中苏南地区以黄褐土、水稻土为主，江淮地区以水稻土、灰潮土为主，淮北地区以黄潮土和砂姜黑土为主，全省水稻土面积约占 40.4%，潮土面积约占 45.6%，黄褐土占 5.6%，其他土壤占 8.4%。从土质上分析，全省土壤主要有黏土、壤土、沙壤土和砂土几大类，不同地区土壤具有明显的差异性。在种植结构上，以稻麦、稻油菜、麦棉（玉米）等为主，其中水稻面积约 3 500 万亩，夏粮 3 600 万亩，棉花 940 万亩。

二、水稻节水灌溉技术类型及推广模式

（一）技术类型

根据江苏省不同地区的土壤、气象、耕作制度等因素，结合当地丰产灌溉经验及水资源现状，重点推广水稻浅湿灌溉、浅湿调控灌溉、控制灌溉等不同高产节水技术。

1. 水稻浅湿灌溉技术

水稻浅湿灌溉即浅水与湿润反复交替、适时落干，浅湿干灵活调节的一种间歇灌溉模式。操作要点如下：①浅水勤灌促返青、分蘖，水层深度 5～30 mm；②分蘖后期及时晒田，当茎蘖数达到有效穗数的 80% 时，排干田面积水晒田 7～10 d，使耕层土壤含水量不低于田间持水量的 65%；③拔节孕穗期间歇灌，每次灌水后水层深 3 cm，水层耗尽后 3～4 d 再灌；④抽穗开花期及乳熟期湿润灌溉，每次灌水水层深 2 cm、水层耗尽后 3～4 d 再灌；⑤黄熟期自然落干，遇雨排水。据多年实测资料表明，浅湿灌溉的灌溉定额比常规的浅水勤灌省水 10%～30%，增产 2%～10%。

2. 水稻浅湿调控灌溉技术

水稻浅湿调控灌溉是把浅水、湿润、间歇三种灌溉方法科学地结合在一起，根据水稻的需水特性和生长规律，提出"薄水栽秧、寸水活棵、浅水促蘖、苗足烤田、浅湿长穗、湿润灌浆、黄熟落干"的原则，以控制稻田田间水层上限和水稻根系层的土壤含水量的下限为手段。掌握"后水不见前水，充分利用雨水，按指标灌排水"的做法，从而确定水稻各生育阶段的灌溉。据淮阴市多年试验示范推广资料统计，浅湿调控灌溉的灌溉定额比常规的浅水勤灌省水 25%～40%，增产 5%～10%。

3. 水稻控制灌溉技术

水稻控制灌溉是指在水稻返青后的各生育阶段，田面不再建立水层，根据水稻生理生态需水特点，以土壤含水量作为控制指标，确定灌水时间和灌水定额，从而促进和控制水稻生长，较大幅度地减少了水稻生理生态需水量，达到节水高产的目的。据河海大学、盐城市水利局多年试验示范推广观测资料统计，控制灌溉与浅水勤灌相比，可节省灌溉用水 30%～45%，增产 5%～10%。

4. 水稻旱作灌溉技术

水稻旱作灌溉技术，区别于以往任何一种水稻节水灌溉技术，改变了传统的水稻栽培模式，又区别于水稻旱种。水稻旱作灌溉技术分覆膜旱作灌溉和不覆膜旱作灌溉两种，前者试验较早，容易成功，后者试验资料较少，需要进一步研究。覆膜旱作灌溉是指在旱育秧的基础上分垄，移栽后覆膜旱管，整个大田期田面没有水层，根据根层土壤含水量下限指标和土壤表层地温来确定灌水时间，采用沟灌结合膜上灌，灌水定额不超过 30 m³/亩，遇雨利用垄沟拦蓄部分雨水。该技术可将水稻的生态需水降到最低程度。据 1998～2000 年各点试验示范资料统计，水稻覆膜旱作技术与浅水勤灌相比可使灌溉定额减少 50%～60%，产量基本持平或略有增加。水稻覆膜旱作分为旱直播覆膜旱作和旱育秧栽移覆膜旱作两种，后者应用潜力大。该项技术可广泛适用于水资源特别紧缺的丘陵稻作区和井灌区。

（二）技术推广分区原则

根据地理位置、气候条件、水土资源状况以及群众的耕作习惯，将全省稻作区分为四大区域，分别为苏南片、宁镇扬丘陵片、苏中片和苏北片，不同区域以推广一种水稻高产节水技术为主。对不同节水技术的分区推广，我们考虑了以下因素。

1. 水土资源的区域性特征

水土资源现状是选择水稻节水灌溉技术主选模式的重要因素，江苏省横跨长江、淮河两大流域，南北长达 450 km，跨越 5 个纬度，水土资源差异显著。江南地区地处北亚热带，属亚热带季风海洋性气候，雨量充沛，多年平均降雨量 1 000 ~ 1 150 mm，境内河流纵横、湖泊众多，水资源丰富，但由于本地区水污染较为严重，河道淤积量增加，加上人口密集，工农业生产发达，干旱年份水质性缺水仍然严重。本区土壤以黄褐土、水稻土为主，土质黏重，地下水位高，渍害现象严重，适宜于推广干干湿湿的浅湿灌溉和浅湿调控灌溉技术。

宁镇扬山丘区位于长江南北两岸，具有低山丘陵、岗地、平原交错分布的地形特征，雨量丰沛，年际变化较大，受梅雨期及台风影响，水稻生育期降雨量占全年雨量的 60% ~ 70%，由于地形复杂，受蓄、引、提工程能力制约，本地易涝易旱，干旱年缺水现象严重。本区土壤组成复杂，有沙壤土、黏土及黏重性水稻土，适宜于推广控制灌溉技术，并试验推广水稻覆膜旱作灌溉技术。

苏中地区包括泰州及扬州、南通三市及盐城的部分地区，该地区位于淮河下游，地势平坦，圩区面积大，其中里下河地区地势周高中低，是著名的低涝洼地，该地区降雨量时间分布不均，丰水年份为洪水走廊，干旱年中上游来水量减少，水资源紧缺，本地区土壤以黏土和沙壤土为主，里下河平原圩区以潜育型水稻土为主，地下水位高，土质黏重，适宜于推广控制灌溉技术及浅湿调控灌溉技术。沿海地区土壤含盐量大，适宜推广浅湿灌溉和浅湿调控灌溉技术。

苏北地区大部分为废黄河冲积平原，北部有少量丘陵坡地，带有比较显著的大陆性气候，多年平均降雨量为 800 ~ 950 mm，区域内河道稀少，水资源调蓄能力差，灌溉水源不足是当地农业进一步发展的制约因素。本区土质大多为沙壤土和黄潮土，土壤肥力及有机质含量是江苏省较低的地区，适宜于推广水稻控制灌溉技术，坡地、高亢平原和井灌区适宜试验推广水稻覆膜旱作灌溉技术。

2. 光热资源的区域性特征

江南地区地处北亚热带，部分地区还带有中亚热带的某些特征，光热资源丰富，年平均气温 15 ~ 16 ℃，日平均气温大于 10 ℃ 的年积温为 4 850 ~ 5 000 ℃，水稻生长期气候湿润，梅雨季节和台风季节明显，水稻灌溉是对降雨分布不均的补充，其光热条件有利于多种水稻节水灌溉技术的应用。

宁镇扬丘陵区属亚热带湿润气候区，光热资源丰富，年日照时数 1 980 ~ 2 180 h，年平均气温 15 ℃ 左右，日平均气温大于 10 ℃ 的年积温为 4 700 ~ 4 850 ℃，水稻生长期受梅雨季节和台风季节影响，气候较湿润，有利于水稻生长发育，适宜推广浅湿灌溉、控制灌溉等水稻节水技术。

苏中地区属亚热带季风气候区，气候温和，年平均气温 14 ~ 15 ℃，年日照时数 2 200 ~ 2 600 h，日平均气温大于 10 ℃ 的年积温为 4 500 ~ 4 700 ℃，本区春温回升迟，秋季降温缓慢，夏季不甚炎热，光、热、水资源配合较为协调，与水稻特别是中稻的生长需求相吻合，适宜于浅湿调控、控制灌溉等节水技术的推广应用。

苏北地区属温带半湿润季风气候区，光照充足，年平均气温 13 ~ 14 ℃，年日照时数 2 300 ~ 2 800 h，日平均气温大于 10 ℃ 的年积温为 4 400 ~ 4 500 ℃，比苏南地区少 12%，无梅雨季节，地表蒸发量大，带有比较显著的大陆性气候，有利于控制灌溉等节水技术的推广应用。

3. 当地丰产灌溉经验

江苏省各地农田水利科研工作者，积极开展不同形式的水稻高产节水灌溉试验，并在较大面积上推广，取得了不少丰产、节水灌溉经验，如苏南地区的浅水间歇灌溉，较以往浅水勤灌增产6%～12%，节水10%～30%。盐城市试验推广控制灌溉技术，1997年推广311万亩，取得了亩节水226.5 m³，节水率41.5%，平均亩增产53.3 kg，增幅9.6%的显著效益。淮阴市试验推广浅湿调控灌溉技术，1996～1997年累计推广407.5万亩，取得了亩均增产稻谷46.88 kg、亩均节水166 m³、节电630.4万元、全市增收2.85亿元的经济效益。

根据上述水利、土壤、光热、耕作等农业资源条件，四大区域分别推广适宜当地条件的水稻高产节水灌溉技术：

苏南片——水稻浅湿灌溉技术；

宁镇扬丘陵片——水稻控制灌溉技术，试验研究水稻覆膜旱作技术的可行性及技术指标；

苏中地区——水稻浅湿调控技术及控制灌溉技术，沿海地区浅湿灌溉及浅湿调控灌溉技术；

苏北地区——水稻控制灌溉技术，试验研究水稻覆膜旱作灌溉技术的可行性及技术指标。

（三）推广工作的管理措施

水稻节水灌溉是一项新事物，其技术的推广应用是集研究和开发、普及和创新、水利和农业于一体的复杂系统工程。在推广过程中，江苏省采用了"小区示范—扩大示范—大面积推广—全面推广"的推广方式，1998年大部分市已进入扩大示范—大面积推广阶段，部分先进市县已进入全面推广阶段，1999年全省已基本进入全面推广阶段，2000年以后进入全面推广阶段。在技术上，采取了"技术依托单位、水利行政主管部门和生产单位相结合，政府行为、部门行为与农户参与相结合，水利措施、农业措施和植保措施相结合，推广、研究与创新相结合"的技术路线，在实施方法上，采用了"建立组织机构，制定管理措施，落实计划任务，加强技术服务，进行深层探讨，总结强化提高"的实施方案，使节水灌溉技术在全省科学、扎实、全面、稳步地推广实施。

1. 加强领导、健全推广网络

江苏省水利厅成立了"节水灌溉技术推广协调小组"，厅长任协调小组组长，分管科教、农水的副厅长任副组长，科教、农水、工管、规计、财务等部门的负责人为成员，河海大学水电学院为技术依托单位，协调和指导全省节水灌溉技术推广工作的开展。各市建立以分管农业的市长为组长，水利局（技术主管单位）、农业局（技术协作单位）、科委等有关部门参加的推广领导小组，负责宏观协调、宣传发动、下达计划、组织评比、总结提高，并成立各有关部门及技术依托单位技术人员组成的推广课题组，负责技术培训、方案设计、技术实施、现场指导。各重点县、乡、村组成三级推广服务体系，安排技术人员具体管理，全面负责该项工作，使水稻节水灌溉技术推广有了完善的网络体系和可靠的组织保证。

2. 抓好技术培训

　　为使江苏省水稻节水灌溉技术的示范推广工作顺利开展，有计划、有组织地抓好技术培训是项目推广成功的关键。江苏省水利厅从 1998 年初开始，以河海大学为技术依托单位制订了一整套培训计划，并按计划认真组织实施。1998 年编写了《水稻高产节水灌溉技术推广操作规程》及《试验观测方法记录表》分发到各市县水利局，组织了全省技术骨干培训班，提高他们节水灌溉的理论水平和指导能力，组织专家定期到四个省级重点示范点检查指导示范推广工作。各市也将技术培训列入重点工作，组织编写培训手册，举办以县（市、区）分管局长、农水股长和水利站长以及乡村干部、技术人员及管水员参加的多层次、多形式的技术培训班，全省培训近 4 万人次，分发资料 12 万份。1999 年在总结 1998 年经验的基础上，对《水稻高产节水灌溉技术推广操作规程》及《试验观测方法记录表》进行了修订，并在 5 月份组织了苏南片和苏北片各市县的技术骨干培训班，这些骨干回到市、县再培训基层技术骨干。为了更好地指导全省水稻节水灌溉技术的推广应用，水利厅和河海大学的专家，在水稻生长关键生育期分别到全省 13 个市的重点示范县进行现场指导。各市的主管部门也定期到各示范点进行技术指导或组织观摩活动，各有特色。2000 年各市根据全省的统一部署自行组织培训活动，并组织有关专家到现场指导。3 年来，全省共主办各类培训班 2 000 多次，培训各类人员 13 万人次，分发资料近 50 万份。

3. 重视宣传发动

　　节水灌溉涉及千家万户和数百万亩的农田，要取得好的推广效果，必须让群众理解掌握，由"要他做"变为"他要做"。1999 年全省进一步加大了宣传发动的力度，3 月份在淮阴市召开了全省节水灌溉工作会议，分管省长到会讲话，会上交流了各市的先进经验，在全省形成了节水灌溉的良好氛围。各市充分利用广播、电视、报刊杂志进行宣传，定期编发节水灌溉简报，摄制水稻节水灌溉技术录像，广泛地进行宣传发动。盐城市从四个方面宣传水稻控制灌溉模式，一是宣传控灌概念，二是宣传控灌意义，三是宣传控灌成效，四是宣传控灌前景，使推广区群众做到家喻户晓，人人了解控制灌溉。淮阴市制作了节水灌溉专题片在电视台播放，利用会议、广播电台、报纸、印发资料、街头标语板报等多种形式进行宣传，利用示范区进行引导，组织群众进行参观，形成了节水灌溉好和非搞不可的氛围，扫除了群众的思想障碍，各县（市、区）还采取电视教学的形式，在农村巡回播放节水灌溉录像片。无锡市从三方面加大宣传力度，形成推广共识。第一，建立各级领导定期现场观摩交流制，市政府领导带领水利、农业、科委等部门负责人到示范区现场观摩，提高各部门领导认识；第二，利用广播、电视、报刊、简报、技术录像等形式，广泛宣传节水灌溉的意义，力求做到家喻户晓，在全市营造节水、惜水及彻底改变传统习俗的良好氛围；第三，在示范点上设示范标志牌，明确行政领导和技术干部的责任制和技术要求。其他各市的宣传发动工作都做得很有特色。

4. 落实经费、明确任务

　　为了确保节水灌溉技术推广的顺利实施，省水利厅在经费投入上对节水灌溉予以倾斜，制定了相应的经费投入机理，1998 年省水利厅投入经费 129 万元，1999 年投入

106万元，2000年又投入近100万元，各市、县也有相应的配套经费，主要用于：①技术培训；②试点示范推广；③必要的试验设备、仪器。同时，江苏省水利厅会同各市制订落实了各年度水稻节水灌溉技术推广计划，各市也在水利会议上以水利建设目标责任的形式，将推广计划下达到各县（市），各县（市、区）也以水利建设目标责任状的方式，层层签订，将面积分解到乡镇、村组，确保了各年度任务的完成。

5．制定奖励措施

为了充分调动各级、各部门抓好水稻节水灌溉技术推广工作的积极性，省水利厅制定了相应的考核、奖励办法，定期进行检查评比，并通过召开现场会的方式进行表彰奖励。各市也制定了相应的考核激励办法。盐城市1997年、1998年连续两年对推广工作成绩显著的先进单位和个人进行了表彰。1999年5月上旬，市政府对1998年度推广水稻节水灌溉技术作出显著成绩的11个先进单位和43名先进个人进行了表彰，颁发奖金6万余元。奖励措施的落实和兑现，极大地调动了基层干部、科技人员和广大群众节水灌溉的积极性。

（四）推广工作的技术措施

1．加强技术指导

江苏省全省范围内推广水稻节水灌溉技术是一项复杂、艰苦的科研工作，江苏省水利厅自始至终注重项目管理和技术指导工作。依靠河海大学作为技术依托单位，重点抓好4个省级重点示范片的试验工作和13个市的技术指导工作，并利用省管农水科研站（所）的技术力量和示范作用，全方位带动推广工作。水稻关键生长阶段，水利、农业部门的节水灌溉推广科技人员及时到乡到村、到田头，现场解决实际问题，组织落实实施计划。针对技术推广过程中农民的模糊认识及技术实施过程中遇到的困难和阻力，及时组织示范户群众到典型示范片进行技术观摩，以现场效果及时解决农户的认识不足问题。技术依托单位和水利、农业部门的技术力量应相互配合、共同工作，定期到现场进行技术指导，及时发现问题，分析研究对策措施，保证全省示范推广工作的顺利实施。

2．规范技术措施

江苏省水利厅针对推广工作面广、量大，技术要求高，影响因素多等情况，在总结前几年部分市县成功经验的基础上，在规范化管理方面精心设计，提出了以乡镇为基本单元实行划片，定点、定人、定岗，实施规范化管理的技术方案。要求各推广区根据土质分布、农技水平、供水类型，以支斗渠为控制范围，实行划片统一管理。同一片实行规范化管理，严格按节水灌溉操作规程执行，实行统一布局、统一供种、统一农业措施、统一灌溉排水。对乡镇水利、农业技术人员，要求明确职责，负责各片的推广技术工作，承担土壤含水量、水稻生长发育的动态调查，制订灌溉排水、施肥、病虫害防治计划。

3．注重资料观测与整编

为了准确地反映节水灌溉技术推广过程中的执行情况及积累的技术数据，便于进行资料整编及成果分析，用以指导面上的推广工作，设计了江苏省水稻节水灌溉技术推广观测记录表（共13类），其记录内容包括示范区土壤水分特性及理化性质，天气变化、降雨量等水文气象资料，灌排水量、稻田水层变化及土壤含水量、水稻生理、生态动态指标，施肥、治虫等农业措施及考种测产资料等。对各项资料的观测记录、收集整理提出了具体要求，要求观测记录要选取示范点中有代表性的田块作定点跟踪，对有关观测内容必须按要求定时观测记录，保证所测数据变化的连续性、实用性和可对比性。各市根据省水利厅的要求，对基本资料的记录、整编作了具体规定。如盐城市规定整个控制灌溉技术推广资料要建档，并按依据性资料、观测记录原始资料和成果资料三大类分年度进行归类整编，"建档要求"使控灌工作中需记录的各种资料完整而系统地收集起来，使水稻控灌资料达到了准确、完整、规范、统一。

4. 注重仪器观测和经验判别相结合

各试验示范点按照试验操作规程的要求，购置了土壤水分张力计、查墒仪等土壤水分监测仪，部分重点站配备了作物蒸腾测定仪和辐射仪、光合测定仪等作物生理、生态测试设备，另外还配备了地温计、小型气象站等水文气象观测设施，保证了试验、示范、推广的科学性、可靠性。在大面积推广过程中，为了便于群众掌握田间灌水的诊断方法，各市总结了观测土壤含水量的一般规律和简易判别法。盐城市将水稻栽培全过程中田间土壤含水量不同的地表状况，划分为 8 个档次，按含水量递减依次排列为"淹水、脱水、泥烂、潮湿、润软、板结、干裂、宽裂"，通过歌谣的方式让群众掌握控灌的概念和实施步骤，收到了较好的效果。淮安市总结出"鞋不粘泥就灌水，田见水层就停水，雨水三天排积水"等浅湿调控灌水方法，简单易懂，便于群众掌握。

通过试验示范点的资料观测，总结出符合当地实际土壤含水量地表状况的规律，用形象、直观的语言指导大面积推广，既保证了推广工作的顺利开展，又进一步降低了推广成本。

三、水稻节水灌溉技术推广应用的主要成果

（一）大幅度地降低稻田耗水量和灌溉定额

试验研究表明，节水灌溉技术改变了水稻的生理生态指标，使生理需水和生态需水发生了变化。在生态需水方面，由于减少了田间淹水的时间，使得棵间蒸发量和深层渗漏量减少。如控制灌溉棵间蒸发量比淹水灌溉的减少 33.8%，田间渗漏量比淹水灌溉的减少 50.8%。在生理需水方面，由于对水稻群体的合理调控，叶面积指数（乳熟期以前）比淹水灌溉的低，气孔的开闭规律也发生了变化，因而植株蒸腾也相应减少，如控制灌溉植株蒸腾比淹灌减少 30.4%。据 1999 年各地资料统计，高沙土地区浅湿灌溉的稻田耗水量与浅水勤灌相比减少 8.9%，灌溉定额减少 27.1%（南通如皋市）。黏壤地区稻田耗水量减少 35.1%，灌溉定额减少 35.2%（苏州太仓市）。浅湿调控灌溉的稻田耗水量比浅水勤灌减少 19.4%，灌溉定额减少 28%（淮阴市）。水稻控制灌溉的稻田耗水量比浅水勤灌减少 50%，灌溉定额减少 63%（盐城东台）。水稻覆膜旱作的稻田耗水量比浅水勤灌减少 53.1%，灌溉定额减少 55.6%（徐州贾汪）。

（二）实现了高产条件下的再增产

水稻节水灌溉改善了水稻根层的生长环境，通过水分的调节控制使水稻形成了较为合理的群体结构和理想的株型，与浅水勤灌相比，在亩穗数相同的情况下，穗粒数、结

实率和千粒重均有所提高。在高产水稻区仍有 5% 以上的增产幅度。另外，盐城市的密度试验结果表明，在控制灌溉条件下，植株形态和冠层结构比较合理，可使有效穗数适当提高，因而具有更大的增产潜力。

（三）提高了雨水利用率和水的生产效率

节水灌溉技术因田面水层浅或没有水层，降雨时对雨水的调蓄能力大，既提高了雨水的利用率，又能起到滞蓄涝水的作用。当生育期降雨均匀时，雨水利用率明显高于浅水勤灌，雨水利用率提高 5~10 个百分点。由于减少了稻田的耗水量，灌溉定额也相应减少，提高了水的生产效率和灌溉水的生产效率，各市统计资料表明，节水灌溉的水稻水分生产效率均能达到 $1.0 \ kg/m^3$ 以上，灌溉水的生产效率达到 $1.5~3.0 \ kg/m^3$。

（四）减少了土壤肥力的流失

水稻节水灌溉使田间渗漏量大大减少，避免了土壤中养分和根层土壤细颗粒的流失，对保持根层土壤的肥力和结构都具有明显的作用。尤其是覆膜旱作水稻，强调多施有机肥，有利于培肥地力，全省各试验点测试资料表明，节灌可使土壤有机质含量、P、K 含量增加，但使土壤 N 的含量降低。引起的原因有待进一步研究。

（五）增强了水稻的抗逆性能

水稻生长到中后期常遇大风暴雨袭击，长势旺、群体大的田块，易造成倒伏减产，是水稻高产稳产的一大危害，水稻节水灌溉技术能避免或减轻这种危害。无论哪一种节水灌溉技术，田面在中后期均处在干干湿湿状况，增加了土壤的通气性。根系扎得深，根系活力强，根深秆壮。同时，通过田间水分的调控防止了水稻拔节后的旺长，从而使水稻基部节间缩短、茎粗、茎壁厚、充实度好，摸上去弹性好，具有较强的抗倒伏能力。另外，节水灌溉技术改变了田间的水环境，降低了田间湿度，有效地抑制了病害的发生，特别是对防止纹枯病的发生有十分积极的作用。

（六）增强了后期根叶活力

水稻节水灌溉，改变了传统的水浆管理方法，中后期田面干干湿湿，土壤常处于氧化状态，促进了上层根系的生长发育，使根扎得深、长得密，且白根多、黑根少、根系活力强，大部分田块能够活熟到老。直到收获时，单株仍有 3 片以上绿叶，绿叶叶面积指数明显高于浅水勤灌。强壮的根系和较高的叶面积指数，有利于后期的光合作用，防止了水稻早衰，从而提高了水稻的结实率和千粒重。

江苏省水稻节水灌溉技术推广项目，在水利厅的直接领导下，各市水利局积极组织，各县（市）水利、农业部门认真实施，取得了巨大的成功。三年累计推广水稻节水灌溉面积 6 282.9 万亩，节水 150 亿 m^3，增产粮食 282.09 万 t，直接经济效益达 55.28 亿元，全省三年投入产出比为 1:39，其中水稻浅湿控制灌溉技术推广的投入产出比为 1:96，经济效果特别明显。总结三年的推广实践，我们得出以下结论：

（1）水稻节水灌溉技术是一项新型为农业服务的项目，由于传统习惯的影响，农民开始时不容易接受，要使该项技术的应用成为老百姓的自觉行为，政府部门要有一定的行政措施，组织力量进行示范，让农民感受到应用新技术的好处，由"要他做"，变为"他要做"。因此，政府行为是目前推广农业新技术的重要保证。

（2）农业新技术推广需要一定的人力、物力和资金的投入，有了投入，培训、示范工作才能开展，才能总结提高，才能大面积推广。人力、物力和资金投入是新技术推广的物质基础。用于新技术推广的资金投入回报率是高的，经济效益十分明显。

（3）新技术的推广要循序渐进，不能盲目一轰而上，实践证明我们采用的"小区示范—扩大示范—大面积推广—全面推广"的推广方式，促进了水稻节水技术推广的顺利进行。

（4）水稻节水灌溉技术涉及农水、植物、栽培等多门学科，其推广应用是一项复杂的系统工程，必须有行政部门、科研单位、生产单位的结合，才能保证政策落实、技术可靠、实施具体。在推广过程中，我们始终与农技部门配合，取得他们的支持也是我们推广获得成功的关键。

（5）在推广过程中，因地制宜，不断创新，给我们的推广工作带来了新的活力。三年中组织的一些专题研究，丰富了水稻节水灌溉技术内容，使我们的推广工作既取得了巨大的应用成果，又取得了一批理论成果。

第六节　江西水稻节水灌溉技术推广模式与应用

一、江西省推广水稻节水灌溉技术模式

江西地处长江中下游南岸，雨量丰沛，光照充足，素有"鱼米之乡"的美称。水稻在江西至少有5 000年以上的栽培历史，是我国以稻米生产为主的重要商品粮基地，也是全国的主要产粮区之一。全省水稻播种面积4 800多万亩，常年播种面积占粮食播种面积的85%以上，产量占粮食总产量的95%左右。江西省多年平均降雨1 638.3 mm，但季节、空间、年际分布极不均匀，3~6月雨量占年降雨量的55%~60%，7~9月占20%，10月到次年2月占20%~25%，每年都有不同程度的旱灾发生，尤以伏旱、秋旱严重，长期不合理的灌溉影响到农田生态环境和水稻产量。江西省根据不同自然条件，在试验研究的基础上，总结示范、推广双季稻节水高效灌溉技术、水稻节水增效栽培技术等节水灌溉技术。其中，双季稻节水高效灌溉技术和节水增效栽培技术五年累计推广2 673万亩，增产稻谷10.69亿kg，节水27.95亿m³；示范推广薄露灌溉，三年累计推广3 979万亩，增产稻谷14.53亿kg，节水10.32亿m³，在较大面积上得到成功推广应用。

（一）双季稻节水高效灌溉技术

1. 间歇灌溉

江西省赣抚平原灌溉试验站1978年开始进行节水灌溉试验，先后进行了九种不同灌溉制度试验，通过多年试验筛选，保留先进的灌溉制度，其中以间歇灌溉节水增产潜力大。该站多年试验及本省大田推广示范表明，间歇灌溉具有改善土壤通透性，增强水稻根系活力，促进水稻生长发育，使水稻生长健壮，提高水稻抗病、抗倒伏的能力和效果。间歇灌溉的水稻分蘖有效穗多，叶面积指数大，干物质积累多，生长率高，穗长、粒数多、结实率高、千粒重大，具有明显的增产效果。同时，间歇灌溉还具有减少稻田棵间蒸发量和地下渗漏量，节约灌溉用水的效果，是一种适合本省节水增产的水稻灌溉

方法。

间歇灌溉法简便易行，其技术要点是在水稻返青期、抽穗开花期实行浅水灌溉，保持 20 ~ 30 mm 水层，其他各生育期采用间歇灌溉方法灌溉，即每次灌 20 mm 水深，任其自然落干，田面不见水后，再灌 20 mm 水深，保持前水不见后水，循环直至成熟收割。

2. 前干后水灌溉

前干后水灌溉法是赣抚平原灌溉试验站与省农科院作物栽培研究所合作，针对早稻前期坐蔸迟发、后期高温逼熟，晚稻前期栽后败苗、后期"寒露风"危害等影响水稻高产的因素，重点研究双季稻生育前期、后期不同灌水方法对水稻生育的影响，探求解决防止水稻坐蔸、败苗、早衰的相应灌水方法。本项研究在间歇灌溉的基础上，采用前干后水方法，即禾苗移栽 3 d 后排水晒田，晒至田面出现裂缝，手按不显印，人走不陷脚为止。一般晴天晒 4 ~ 6 d（早稻 6 d，晚稻 4 d）。分蘖期至乳熟期采用间歇灌溉，乳熟期至黄熟期浅水与湿润交替。研究结果显示，前干后水法对双季稻促早发、防早衰具有良好的效果，早稻亩产达到 550.7 kg，晚稻亩产 535.75 kg，是一种适合灌区水稻稳产高产的灌溉方法。

前干后水灌溉法的关键是前期晒田。由于水稻移栽返青时根系受到损伤，加上栽种时，早稻气温较低、晚稻气温较高，根系恢复慢，产生坐蔸败苗。晒田能促进根系生长，有利于禾苗早生快发。后期浅水与湿润交替，既能维持叶片活力，使茎叶中的有机养料转运到籽粒中去，增加粒重；又能以水养根保根系健壮，以根保叶防止早衰。

（二）水稻节水增效栽培技术

1. 抛秧节水栽培技术

抛秧节水栽培技术是省农业部门运用抛秧技术结合间歇灌溉而推广的一项技术，主要适用于早稻、中稻和二晚早熟品种，其关键技术是：采用塑料抛秧盘进行旱育秧，通过化控矮化秧苗，集约化育秧，秧龄 3 ~ 4 叶带土抛栽；大田干耕干整水稠平，花泥水抛秧；推广以 BB 肥（复混肥）为主的平衡施肥技术，采用基肥全层深施、追肥以水带肥的施肥技术；采用浅湿干交替间歇灌溉，即每次灌水 20 ~ 30 mm，自然落干后露田 2 ~ 3 d，又灌水 20 ~ 30 mm，依此类推，当苗数达到计划穗数的 70% ~ 80% 时提早多次晒田；推广以丁苄、抛秧宁等低药害除草剂为主的化学除草技术。该技术的主要优点是省工、省水、省秧田、省成本，栽后早发，有利于集约化商品育秧；但对秧龄有严格限制，不能太长。

2. 旱育秧节水栽培技术

旱育秧节水栽培技术也主要适用于早稻、中稻和二晚早熟品种，其关键技术是：采用旱地培育耐旱壮秧，秧龄 3 ~ 6 叶移栽；其他配套技术同抛秧节水栽培技术。其优点是省秧田、省种子、省水、省成本，可提早播种，栽后早发，有利于集约化商品育秧；缺点是秧龄不能太长，但在稀播条件下秧龄可适当延长。

3. 化控湿润矮化壮秧节水栽培技术

化控湿润矮化壮秧节水栽培技术主要适用于生育期较长的二晚中迟熟品种（组合），因秧龄较长而不适用旱床育秧或抛秧盘育秧，采用湿润育秧，通过用烯效唑浸种或喷施多效唑培育多蘖老壮秧，6 叶期后移栽；移栽时浅水，栽后灌水护苗，当苗数达到计划穗数的 80%～90% 时晒田；其他大田配套技术同抛秧节水栽培技术。

二、推广模式与应用情况

（一）双季稻节水高效灌溉技术推广模式

为普及推广间歇灌溉等节水高效灌溉技术，江西省主要采取以下方式促进节水高效灌溉制度推广应用：

（1）积极争取上级主管部门的支持，举办全省节水增产灌溉新技术学习班，组织全省 24 个县、市及灌区从事灌溉管理的领导及技术人员参加学习培训，系统学习和掌握间歇灌溉的有关知识及技术，同时还多次组织科技人员为农民用水户协会授课，介绍间歇灌溉技术，为该项技术在全省大面积推广应用创造条件。

（2）组织科研人员及时总结间歇灌溉科技技术成果，撰写研究论文，分别在《江西水利科技》、《农田水利与小水电》、《江西农业科技》等刊物上发表，为推广该项技术做好宣传报道。

（3）通过推广示范户、农民用水户协会和建立推广示范区在全省推广应用节水高效灌溉制度。

（二）江西省节水灌溉技术推广的主要措施

1. 加强领导，建立健全推广组织机构

为了保证江西省大面积推广工作顺利开展，全省各地层层成立了水稻节水灌溉推广工作领导小组，组长由分管农业的领导担任，使这项推广工作及时纳入了当地党委和政府的议事日程，形成了各级领导抓"第一生产力"的局面。由于各级领导的重视，使这项推广工作一开始从组织上就得到了根本保证。另外，各地在成立推广工作领导小组的同时，还专门组建了由水利、农业、科技等部门人员参加的推广技术指导小组，保证了大面积推广工作技术到位，示范推广成功。

2. 广泛宣传，强化培训，让节水灌溉技术深入人心

农民是农业生产的主体，农业技术的推广最终必须要农民自己认识掌握这些技术。因此，宣传普及、技术培训是水稻节水灌溉推广工作的重要环节。为此，省水利、科技部门分别在 1996 年 11 月、1997 年 3 月联合举办了两期全省性的水稻薄露灌溉技术培训班。省农业开发办公室为了在其项目区内推广好这项技术，1997 年 3 月亦举办了一次全省规模的水稻节水灌溉技术培训班，为各地、市及重点推广县共培训了技术"种子"210 余人。

省水利厅组织节水灌溉技术大面积推广技术依托单位赴全省各地开展技术培训，同时制作了通俗易懂的技术操作模式图 2.5 万张，技术操作指南 1 万份，技术操作录像带150 盒，通过不同渠道分发到全省各地示范推广区。据统计，1997～1999 年全省各地（市）、县、乡，层层举办技术培训班 3 142 次，参加培训听课的人数共 83 万多人。各地除举办技术培训班外，还通过不同形式，如电台、报纸等新闻媒体介绍这项技术，基本做到了宣传培训到位。

3. 抓好试验示范，提高灌溉水调度水平

农业是抗风险能力很脆弱的产业，农民更是经不起失败的折腾。由于江西省南北气候、土壤条件不完全一样，耕作习惯也不尽相同，所以在大面积推广节水灌溉前各地必须先进行试验示范，取得经验后再辐射推广。农民是最讲究实惠的，只要是看到了这项技术的增产效果，就会自发采用这项技术。江西省 1996 年及 1997 年在奉新县赤岸乡的试验示范推广就是很好的证明。1996 年早稻期间，首先是示范点当地党员干部率先采用这项技术，大田推广了 1 005 亩。为了便于让农民看到对比示范的效果，我们特意在示范推广区沿灌区上下游布置了五块对比示范田，对比示范田的户主，就是我们要培育的示范推广户，通过他们亦可向周围的农户宣传。由于增产显著，晚稻期间不少农户都自发地在自家田中学习应用这一技术，自觉地向推广人员询问，晚稻大田推广面积增至 2 010 亩左右。1997 年，早稻推广面积直线增至 4 020 亩左右，示范推广点所属灌区里，灌排条件较好的农田几乎全部采用了节水灌溉这一技术。由于各地首先抓好了大量的对比试验工作，通过示范引路，这项技术很快受到了各地农民的欢迎。要实施好大面积推广节水灌溉技术，光搞好田间水管理是不够的，一定要调度好灌溉水源，做到要灌水的时候渠道有水，需露田的时候排水沟能排水，只有这样才能实实在在地推广这一技术。节水灌溉首先要求水利管理人员按水稻节水灌溉制度放水、管水。一座水库、一条渠道所灌的农田涉及众多农户，如果水库不能按要求统一放水或农户不能按要求劳作，就无法实施好节水灌溉技术。因此，一个灌区要实施好该项技术，必须做到分片管水，"一把锹"放水。

4. 加强部门协调，水利、农业、科技等部门协同作战

现阶段农业科技成果的推广还必须依靠"政府推动，市场驱动"。节水灌溉技术的推广，涉及水利、农业、科技等诸多部门，需要各部门相互协调，统筹安排。节水灌溉大面积推广工作在省政府的领导下，在各部门、各地推广领导小组的统一领导和布置下，做到了水利、农业、科技等部门分工协作，齐抓共管。联合开展技术培训，各部门配套投入推广经费，同时还注意到充分发挥各级农技推广网络的作用，使得大面积推广工作落到实处。

5. 落实推广经费，加强目标考核和表彰奖励

推广节水灌溉技术，对广大农民来讲不花分文，是无本获利的一大好事。但要使广大农民改变传统的灌溉方法，真正掌握这一技术，从上到下，省、地（市）、县、乡必须层层建立健全推广服务体系，大力开展技术宣传、技术培训，搞好对比示范，同时做好总结表彰。所有这些都需要一定的经费投入。三年来，大面积推广节水灌溉技术过程中，各地水利、农业、科技等部门在经费上都作了一定安排。在示范推广点（片）的选择上，各地都特别注意到使水利、农业、科技等部门的计划相互衔接。做到了推广资金集中，相对加大了资金投入强度，使得有限的资金投入发挥了较大的投资效益。

要搞好大面积推广工作，除各级领导重视外，还必须有一支由管理、科技人员组成的推广队伍。推广工作者责任心的高低，使命感的强烈与否，是节水灌溉技术能否大面积推广的基础。有一份耕耘才会有一份收获，从三年的推广情况看，推广人员付出辛勤劳动多的地方，推广工作就做得好，推广面积相对就大。三年来，江西省水利厅及省科

委专门成立了验收组，对各地（市）的推广情况进行了抽查验收，对全省推广工作进行了评比表彰，先后共表彰先进集体 44 个，先进个人 424 个。同时，各地（市）及重点推广县亦层层进行了表彰奖励，对推广工作起到了非常好的激励作用。

（三）推广应用的成效

1. 双季稻节水高效灌溉技术推广应用成效

为验证间歇灌溉在大田生产的增产效果，江西省灌溉试验站在南昌县向塘镇山背村进行间歇灌溉大田示范，将一块面积为 2.22 亩的大田中间作临时田埂，分为两块，除灌溉方法不同（一块采用间歇灌溉，一块采用常规法灌溉）外，其他因素保持一致。示范结果显示，间歇灌溉比常规法灌溉早稻每亩增产 27.4 kg，增产率为 7.22%，晚稻每亩增产 30.8 kg，增产率为 8.26%（见表 9-5）。

表 9-5　大田示范水稻产量（向塘镇山背村）

灌溉方式	灌溉面积（亩）	早稻				晚稻			
		品种	收获稻谷（kg）	亩产（kg）	增产率（%）	品种	收获稻谷（kg）	亩产（kg）	增产率（%）
间歇灌溉	1.117	竹系	454.4	406.8	7.22	汕优六号	451.2	403.9	8.26
常规灌溉	1.103		418.5	379.4			411.5	373.1	

为进一步验证间歇灌溉大面积推广应用的节水增产效果，江西省灌溉试验站与农技推广部门合作，在南昌县向塘镇和进贤县温家圳的大田进行示范推广，1988 年推广 84.7 亩，1989 年推广 240 亩。间歇灌溉比传统淹水灌溉在增产、节水和灌溉水生产率等方面，都有明显的提高（见表 9-6）。向塘示范点早稻间歇灌溉比淹水灌溉增产 5.26%，节水 32.6 m³/亩；晚稻增产 4.22%～5.14%，节水 48～57.3 m³/亩。温家圳示范点早稻增产 4.85%，节水 44.0 m³/亩；晚稻增产 8.32%～11.54%，节水 50.7～83.0 m³/亩。两示范点灌溉水分生产率提高 0.548～1.409 kg/m³。充分说明间歇灌溉具有明显的增产、节水效果。

2. 节水增效栽培技术推广应用成效

1）增产效果

1996～1997 年的田间对比试验结果表明，早稻采用抛秧节水栽培技术体系较常规栽培增加有效穗数，并克服穗多带来的每穗粒数减少的矛盾，稻谷产量增加 52 kg/亩，增产率为 10.67%；早稻采用旱床育秧节水栽培技术体系较常规栽培能增加每穗粒数，提高结实率，在本苗较少的情况下，有效穗仍接近对照，稻谷产量增加 52 kg/亩，增产率为 10.73%；晚稻采用化控湿润矮壮秧节水栽培技术体系较常规栽培能增加每穗粒数和提高结实率，稻谷增 62 kg/亩，增产率为 19.14%（见表 9-7）。2000 年组织专家对上高县示范区二晚对比田块进行现场测产，结果表明，采用化控湿润矮壮秧节水栽培技术体系的田块平均产量为 546 kg/亩，而对照田块产量为 472 kg/亩，节水栽培较对照增加稻谷 74 kg/亩，增产率为 15.68%。

表9-6　间歇灌溉推广示范点节水增产成果

年份	稻别	示范点	灌溉方式	灌溉定额 （m³/亩）	产量 （kg/亩）	灌溉水分 生产率 （kg/m³）	节水指标 （m³/亩）	增产率 （%）	提高水分 生产率 （kg/m³）
1988	晚稻	向塘镇	间歇灌溉	150.0	388.6	2.591	48.0	5.14	0.724
			淹水灌溉	198.0	369.6	1.867			
		温家圳	间歇灌溉	245.0	451.4	1.842	83.0	11.54	0.608
			淹水灌溉	328.0	404.7	1.234			
1989	早稻	向塘镇	间歇灌溉	90.7	424.4	4.679	32.6	5.26	1.409
			淹水灌溉	123.3	403.2	3.270			
		温家圳	间歇灌溉	141.3	339.2	2.400	44.0	4.85	0.654
			淹水灌溉	185.3	323.5	1.746			
	晚稻	向塘镇	间歇灌溉	200.0	445.0	2.228	57.3	4.22	0.569
			淹水灌溉	257.3	427.0	1.659			
		温家圳	间歇灌溉	204.6	431.1	2.107	50.7	8.32	0.548
			淹水灌溉	255.3	398.0	1.559			

表9-7　对比田块水稻的产量及产量结构（1996~1997）

处理	有效穗数 （万/亩）	每穗粒数 （粒/穗）	结实率 （%）	千粒重 （g）	实收产量 （kg/亩）
抛秧节水栽培	32.67	85.31	81.80	26.60	539.33
CK	27.86	87.39	81.68	26.33	487.33
旱床育秧节水栽培	24.94	92.85	85.08	26.98	536.67
CK	25.07	85.21	82.99	26.69	484.67
化控湿润矮壮秧节水栽培	16.61	114.18	79.54	26.83	386.00
CK	15.63	104.24	76.84	26.54	324.00

2）节水效果

对比田块的测算结果表明，早稻采用抛秧节水栽培技术体系和旱床育秧节水栽培技术体系分别较对照节水87.7 m³/亩和87.2 m³/亩，节水率分别为32.72%和32.54%，二晚采用化控湿润矮壮秧节水栽培技术体系较对照节水130.0 m³/亩，节水率为32.18%（见表9-8）。生产上一般早、晚稻两季平均每季节水100 m³/亩左右。

3）节支效果

早稻采用抛秧节水栽培技术体系和旱床育秧节水栽培技术体系能节约成本，对1996~1997年的对比田块的匡算结果表明，抛秧节水栽培技术体系能节省用工费、育秧费及水费，共计可节约成本55.06元/亩，旱床育秧节水栽培技术体系能节省育秧费和水费，共计节约成本26.27元/亩（见表9-9）。二晚化控湿润矮壮秧节水栽培技术体系也能节省水费，若以水费0.04元/m³计，则可节约水费5.2元/亩。

表 9-8　水稻节水栽培的节水效果　　　　　　（单位：m³/亩）

处理	秧田用水	整地用水	大田用水	合计用水	节约用水	节水率（%）
抛秧节水栽培	0.3	40.0	140.0	180.3	87.7	32.72
旱床育秧节水栽培	0.8	40.0	140.0	180.8	87.2	32.54
CK	8.0	70.0	190.0	268.0	—	—
化控湿润矮壮秧节水栽培	14.0	55.0	205.0	274.0	130.0	32.18
CK	14.0	85.0	305.0	404.0	—	—

表 9-9　对比田块水稻生产的投入成本比较　　　　　　（单位：元/亩）

处理	育秧费	肥料费	农药费	人工费	水费	管理费	合计	节支
抛秧节水栽培	35.18	96.0	13.16	154.0	7.0	62.5	367.84	55.06
旱床育秧节水栽培	27.97	96.0	13.16	190.0	7.0	62.5	396.63	26.27
CK	59.49	87.75	13.16	190.0	10.0	62.5	422.90	—

4）增效效果

从表 9-10 可见，采用节水栽培技术体系田块的土地收益率、成本产值率、劳动收益率比对照田块均要高，产品的成本则降低，特别是采用抛秧节水栽培和旱床育秧节水栽培技术的田块。这说明采用节水增效技术体系的增效效果明显，而每施 1 kg 纯氮生产的稻谷量、单位肥料成本收益、单位用水量生产的稻谷量也都较对照田块高，表明节水栽培技术体系能提高资源的利用效率。

表 9-10　对比田块的资源利用效率比较（1996～1997）

处理	土地纯收益（元/亩）	成本产值率	产品成本（元/kg）	劳动收益率（元）	稻谷/纯N（kg/kg）	收益/肥料成本	稻谷/用水（kg/m³）
抛秧节水栽培	333.21	1.91	0.68	42.18	44.94	3.47	3.10
CK	204.05	1.48	0.88	20.00	35.56	2.17	1.96
旱床育秧节水栽培	301.23	1.76	0.74	30.57	44.73	3.14	3.10
CK	200.99	1.47	0.89	19.70	35.39	2.13	1.95
化控湿润矮壮秧节水栽培	153.75	1.36	1.10	13.67	30.51	1.83	1.43
CK	69.18	1.16	1.28	6.49	23.47	0.81	0.81

三、推广应用存在的问题

（1）南方水资源丰富，农民节水意识差，习惯于落后的传统灌溉模式，甚至一些农田仍存在串灌、漫灌的现象，增加了推广节水灌溉技术的难度。

（2）水利工程设施老化失修严重，特别是末级渠系渗水、漏水、跑水严重，基础设施不配套，灌溉用水输水过程中损失大，不利于节水灌溉技术的推广。

（3）灌溉管理体制不健全，特别是末级渠系的管理，面对千家万户的小规模种植农户，用水情况复杂，灌溉管理难度大，普遍存在灌溉管理不到位的情况，使得节水灌溉技术难以推广。

（4）现行水费征收仍沿用按亩收费制度。制度上的缺陷，造成灌溉用水的大锅饭，灌溉用水用多用少一个样，缺乏节水激励机理，造成渠道上游浪费水，下游缺水，妨碍了节水灌溉技术的推广。

四、促进水稻节水灌溉技术推广应用的对策

（1）推广工作需要加强组织领导，首先领导要重视，要按照科学发展观，把推广工作作为科技第一生产力的重要组成部分来抓，要投入必要的人力、物力和财力，健全推广体系，建立推广示范区，将主要作物节水高效灌溉制度尽快用于生产实践，转化成生产力。

（2）抓好技术培训工作，在推广过程中要做好技术培训工作，特别是对生产第一线人员的技术培训。加大宣传力度，进一步提高群众科学用水、节约用水意识。

（3）推广工作要因地制宜，江西省水稻播种面积 4 000 多万亩。分布在平原、沿江滨湖、丘陵、山区，各地气候、土壤等自然条件不尽相同。因此，在推广过程中，要因地制宜，采取典型示范，取得经验，以点带面，逐步推广。

（4）加大水利工程建设投入，积极筹措水利工程维修养护资金，特别是灌溉设施及末级渠系改造，完善渠系配套节水改造，提高渠系水利用率。

（5）改革落后的灌溉管理体制和运行机理，引入先进的参与式管理模式，组织用水户参与灌溉管理，组建农民用水户协会，改善末级渠系的灌溉管理，调动管水者与用水者双方节水积极性。

（6）建立合理的水价形成机理和有效的水费计收方式，农业水费按补偿供水成本的原则核定，分步到位，强化水费计收管理，逐步由目前的按亩收费向计量收费过渡。

第七节　黑龙江寒区水稻节水灌溉技术推广模式与应用

黑龙江省水利厅农田水利总站和河海大学合作进行寒区水稻节水灌溉技术研究和示范应用过程中，针对黑龙江省不同地域的自然条件，对 5 个区域分别提出了适宜的水稻灌区节水模式，内容涵盖了水稻控制灌溉技术、农业配套技术措施、管理措施。根据寒区的气候特点及水稻生长对温度的特殊要求，提出水稻控制灌溉在寒区的应用模式及相应的旱育稀植及施肥模式，而对于大规模的农场，也提出了叶龄模式与控制灌溉的结合模式（见图9-2）。6 年来累计应用面积达 190 万亩，涉及 21 个县和农场，累计增产粮食 8 624 万 kg，增产节支总效益为 1.9 亿余元，社会效益显著。

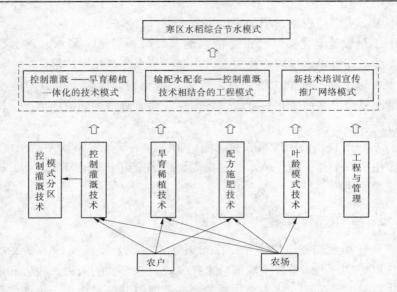

图 9-2　寒区水稻综合节水模式

一、寒区水稻控制灌溉模式

除按照常规水稻控制灌溉的指标进行灌溉外，寒区推广水稻控制灌溉需要注意的是通过灌溉和排水调节田间小气候以利于水稻的正常生长。在遇低温冷害（返青期最低温度降至 3 ℃以下，拔节孕穗期最低温度低于 15 ℃）时灌水保温，田间保留与常规灌溉相同的水层。遵循"时到不等苗，苗到不等时"的原则进行灌溉，"时到不等苗"，即不管水稻处于哪个生育期（分蘖末期除外），观测土壤水分到土壤控制下限则灌水至上限，但灌水后田面不保留水层，土壤水分未达到控制下限，不需要灌水；"苗到不等时"，即水稻生长发育到分蘖末期，不管土壤水分是否控制到下限，都要及时灌水促进生育期转换。根据庆安和平灌溉试验站的米质化验结果，水稻收割前 10 d 应灌水一次，对提高稻米品质十分重要。如图 9-3 所示为寒区水稻控制灌溉与施肥组合模式图，如表 9-11 所示为寒区控灌蓄雨水稻生育阶段根层土壤水分控制标准。

表 9-11　寒区控灌蓄雨水稻生育阶段根层土壤水分控制标准

项目		返青期	分蘖期			拔节孕穗期		抽穗开花期	乳熟期	黄熟期
			前期	中期	后期	前期	后期			
田间可蓄雨水		不淹心叶	不淹心叶	不淹心叶	不能蓄水	≤50 mm	≤50 mm	≤50 mm	≤50 mm	≤50 mm
灌水上限	占饱和含水量	30 mm	100%	100%	100%	100%	100%	100%	100%	自然落干
灌水下限	占饱和含水量	10 mm	80%	70%	60%	70%	80%	80%	70%	

注：表中%为占土壤饱和含水量的百分比；mm 为田面水层深度。饱和含水量及灌水下限含水量计算后填入表中。

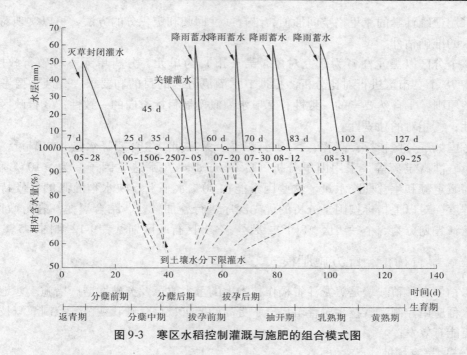

图9-3　寒区水稻控制灌溉与施肥的组合模式图

二、水稻控制灌溉分区模式

水稻需水量空间分布的异质性，降低了需水量分布状态的可预知性，增加了水稻需水量研究时取样点设置的难度。采用克里格法对黑龙江省的水稻灌溉需水量进行空间分析，结果如图9-4所示。插值水稻需水量与实测值近似相等（$p = 0.22$），空间关联紧密。

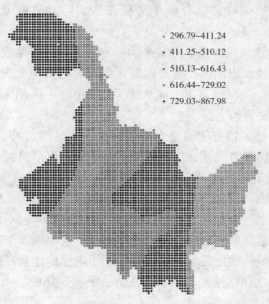

图9-4　黑龙江省水稻灌溉需水量水稻分布图

采用地统计学的克里格空间插值，结合线性回归和定积分的方法，可以实现对水稻需水量的准确估计。

整个分区以黑龙江省为研究对象，县（市）为单元，分析单元不打破行政区划，对全省 78 个县市区进行对比分析。根据节水灌溉分区的目的和要求，分区主要考虑以下 4 条原则：①自然要素的一致性；②节水灌溉发展目标方向的一致性；③行政区划的完整性；④相对的独立性。

考虑如下分区指标：高程、≥10 ℃积温、无霜期、生育期降水量、渗漏量、水稻需水量、灌溉定额等。采用因子分析（factor analysis）筛选主因子，为≥10 ℃积温、常规灌溉定额和生育期降水量，这些因素能在 80% 水平上反映水稻灌溉的气候特征和缺水程度。对以上指标按因子分析的优先次序进行叠加融合，结合黑龙江省行政区划，将黑龙江省划分为 5 个一级区，8 个二级区。各分区行政区划见表 9-12 和图 9-5。

三、旱育稀植与配方施肥模式

水稻旱育稀植栽培是黑龙江省稻作技术上的重大改革及突破性增产措施。寒地旱育稀植水稻应用控制灌溉技术对育苗提出了更高的要求，培育健壮秧苗，控制灌溉技术的优势更能有效发挥。

（一）旱育稀植

水稻旱育稀植栽培技术以优质高产品种为前提，以旱床稀播壮秧为基础，以稀植分蘖增产为中心，以水肥田间管理及防除病虫草害为保证的综合技术措施。

（1）选择优质品种。在相同的条件下，稻谷产量因品种不同而有明显的差异，越是高产栽培，这种差异将会越大。因此，高产栽培一定要选用生育期适宜、能正常抽穗安全成熟、茎秆粗壮抗逆性强、分蘖中等穗偏大、叶片直立光合效率高的优质高产品种。

（2）培育壮秧。选背风向阳、地势平坦、水源方便、排水良好、土质肥沃的旱田。在确无旱田或园田的纯水田稻区，应推广高床育苗。把稻田变为旱田或利用水渠主埂，整平加宽到所需宽度，高出田面 30 cm，进行旱育苗。可采用大中棚育苗、旱床育苗、隔离层育苗等 3 种方法进行育苗。

（3）秧田管理。播后检查床面是否落干、水分不足即行补浇透水；苗出土见绿即通风撤地膜，通风排出有害气体，蒸发床面多余水分。出苗前封闭保温，出苗后 1 叶期不超过 30 ℃，2 叶期不超过 25 ℃，3 叶期不超过 20 ℃，插前 3～5 d 同外界温度，遇到低温要多层覆盖保温。置床育苗出苗前保床土水分，出苗至 3 叶期控制浇水，3 叶期后按需适时浇，床上水分要求在 90%。缺水标志为秧苗早晚露水珠少，通风时秧苗打卷。根据秧苗成活的最低临界温度，并非越早越好，过早插等于寄秧、易受冻害。特别是素质差的秧苗，过早插秧更是返青艰难，不利于水稻的优质高产。要在日平均气温稳定在 13～14 ℃时开始适期早插，"不育 5 月苗，不插 6 月秧"。5 月 25～30 日移栽时秧苗要带药下地。

表 9-12　黑龙江分区模式水稻控制灌溉操作模式

一级区	二级区	所含县（市）名称	物候特点和灌溉模式	各生育阶段灌水次数/灌水定额				
				返青期	分蘖期	拔节孕穗期	抽穗开花期	乳熟期黄熟期
I	I-1 松嫩低平原区	甘南、龙江、泰来、齐齐哈尔市区、林甸、杜蒙、安达、肇源、大庆市区、肇东、肇州	该区降雨全省最少，春季干旱因素突出。该区应以控II蓄雨模式为主。I-2区的北安、五大连池、讷河等县市降水稍多，也可考虑控I灌溉模式。I-1区渗漏水层下限标准和水层保持时间，渗漏较大的齐哈尔西南部，灌溉方式上以少灌、勤灌为主，防止水层过大，增加渗漏量	0~1/ 0~350	2~3/ 1000~1500	1~2/ 200~500	0~1/ 200~400	1~2/ 450~750
	I-2 松嫩北部高平原区	富裕、明水、青冈、讷河、克东、克山、五大连池、拜泉、依安、北安						
II	II-1 三江西部平原区	鹤岗市辖区（含佳木斯市郊区）、萝北、绥滨、富锦、汤源、桦川、双鸭山市区（50%）、桦南、友谊、宝清（75%）、依兰、七台河市区、勃利、鸡西市区、鸡东、密山	该区主要以草甸土、白浆土、水稻土等为主，土质黏重。其中，白浆土分布广，面积较大，遇水成涝，遇旱开裂，怕旱怕涝。II-2子区降水稍多，气温稍低，应以控II蓄雨模式为主。同时因雨水较多，湿气较大，为防止稻病和倒伏现象发生，该区要严格控制土壤水层，及时排除多余雨水，遇连雨天气不必保留水层，保持排空状态	1~2/ 400~600	2~4/ 750~1000	1~2/ 400~700	0~1/ 0~400	0~1/ 0~400
	II-2 三江东部平原区	同江、抚远、饶河、虎林、富锦（50%）、宝清（25%）						
III	老爷岭山地区	牡丹江市区、海林、东宁、林口、穆棱、宁安、绥芬河	该区以地表水灌溉为主，地表水由火山岩形成。该区雨量化较多沆，应以控II蓄雨模式为主。该区渗漏较大，采用这种灌溉模式有利于利用天然降雨，减少渗漏量，灌溉定额。由于该区渗漏较大，主以少灌、勤灌模式为主，防止水层过大，增加渗漏量	2/500	4/1280	6/2 750	0/0	0/0
IV	松嫩平原南部高平原区	海伦、望奎、铁力、绥化市区、庆安、绥棱、北林区、呼兰、兰西、巴彦、木兰、通河、宾县、五常、尔滨市区、双城、阿城、五常	该区降水较多，地表水灌溉面积较多，水库等控制性水源工程较少，春季水稻供用水矛盾突出，但是该区水稻面积发展过于集中，在干旱较重的年份，要视控II蓄雨模式，因此该区应以控II蓄雨模式为主。考虑该区的特点，即当用水紧张时，虽然土壤水分还没有得到控制下限，可视具体情况提前补水	0~1/ 0~300	2~3/ 500~900	1/ 300~500	0~1/ 0~300	1~2/ 200~400

图 9-5　黑龙江省水稻节水灌溉分区图（含行政区）

（4）本田管理。以 25 穴/m² 为基准，行距 30～33 cm（9～10 寸），穴距 13～17 cm（4～5 寸），每穴 3 苗。浅插、行直、穴匀、棵准、不窝根。与旱育壮秧的原理相似，在水稻本田（不包括漏水田、渍水田、盐碱地）实行除作业（包括泡田、耙地、移栽、护苗、施药、施肥等用水）用水外，实行控制灌溉，有效分蘖末期晒田至田面有较大裂纹，至完熟后落干。

（二）配方施肥

水稻稀植高产栽培，不仅需要土地平整、肥力较高，而且要求水稻生长稳健。

（1）增施农肥，施足基肥，创造能够稳健生长的土壤养分环境。秧苗移栽前要整地、施肥、泡田。整地必须做到翻地，深度 20～25 cm。采用追肥基施，基肥在泡田放水前施入，一般施尿素 30～45 kg/hm²，磷酸二铵 60 kg/hm²，钾肥 82 kg/hm²。泡田时要用农药做土壤封闭处理，可使用丁草胺或农思它，用量 0.5～1.0 kg/hm²，保水 5～7 d，水层 50 mm 左右，等其自然落至花达水时开始插秧。

（2）巧施追肥，用好蘖肥和调节肥，使分蘖早生快发，促进前期生育，并施好穗肥和粒肥，满足后期对氮肥的要求，增加叶片含氮量，保持叶片旺盛功能，增加后期干物质生产，以利于提高结实率和千粒重。分蘖前期结合封闭灭草，追施分蘖肥。从幼穗分化至抽穗结束，水稻吸收氮素量较大，施穗肥能够促进枝梗和颖花数增多，达到穗大粒多的效果。但是基肥和分蘖肥是否充足，水稻前期生长基础差异和地域及品种的不同，在施穗肥的时间和数量要有所不同，应分类进行。6月25日至7月5日施钾肥，占总量的50%。施穗肥时期为11片叶品种于10叶露尖，12叶品种于11叶露尖，施用量为全年总施氮肥量的10%~20%，肥料品种为尿素；施用粒肥可提高光合速率，加快灌浆速度，提高结实率，增加千粒重，但必须是在出现缺肥现象时施用。叶浓绿、长势过旺的稻田追施粒肥容易引起贪青晚熟和引发穗茎稻瘟病的发生。因此，一定要考虑土壤条件、水稻长势和气候因素，慎重施用粒肥。粒肥一般在抽穗后施用。

（3）水稻高产栽培由于对磷、钾肥特别是对钾肥比较敏感，因此要适当增加磷、钾肥施用比例。

四、经济与社会效益

该成果应用6年来（自2004年起），累计应用面积达1 900 026亩，节水量以98~214 m³/亩计，节水23 158万m³，水价以0.025~0.035元/m³计，节水效益达625万元；增产以33~54 kg/亩计，累计增产粮食8 624万kg，粮价以1.75~1.85元/kg计，增产效益为15 694万元；累计省工效益为2 926万元，总增产节支总效益为19 246万元（见表9-13）。

表9-13 黑龙江省水稻灌区综合节水模式示范推广效益

年份	面积（亩）	节水量（万m³）	增产量（万kg）	节水效益（万元）	增产效益（万元）	省工效益（万元）	年增收节支总额（万元）
2004	6 283	70	32	2	56	9	67
2005	338 863	4 051	1 695	101	3 016	534	3 652
2006	385 750	5 210	1 812	130	3 261	583	3 975
2007	389 710	4 649	1 609	116	2 929	636	3 681
2008	389 710	4 459	1 762	134	3 260	547	3 941
2009	389 710	4 719	1 714	142	3 172	617	3 930
合计	1 900 026	23 158	8 624	625	15 694	2 926	19 246

推广应用取得了显著的社会效益，为黑龙江这个全国最大的商品粮基地的稳产高产提供了条件，为保障国家的粮食安全做出了积极贡献。

（1）节水节肥增产，提高了农民的增收节支效益，平均每亩节支增收达101元，实现了大范围农民收入的提高，为当地农民脱贫致富奔小康做出了巨大贡献。

（2）项目提出的水稻控制灌溉技术及农艺配套措施，改变了水稻病虫害的发病环境，对防止稻瘟等病虫害效果显著。

（3）减少引水次数和灌水量，累计节水达23 158万m³，提高了水资源利用效率和灌区的灌溉保证率，同时对控制地下水位升高和减轻次生盐碱化危害也起到了一定的作用。

（4）控灌技术减少引水次数和灌水量的同时，提高了氮肥、钾肥的利用效率，减少了农田面源污染；也减少了因地下水位抬高引起的次生盐害；也有利于防止水土流失及延长工程使用寿命。

第八节　辽宁水稻节水灌溉技术推广模式与应用

水稻是辽宁省主要的粮食作物，2008 年辽宁水稻种植面积达到 65.87 万 hm^2，约占全省耕地面积的 20%，平均单产 7 200 kg/hm^2，总产量达到了 50.6 亿 kg，占全省粮食总产量的 35% 左右，水稻生产规模的稳定与发展，在辽宁粮食生产中占举足轻重的地位。辽宁水稻生产有三大特点：①大部分稻田靠水库工程供水；②用水高峰期集中在 5～6 月枯水期，即稻田泡田插秧阶段，该时期用水量大约为水稻全生育期的 1/3；③水稻的主要产区也是辽宁工业最集中的地区，而且工业和城市用水也主要靠水库供水。辽宁人均水资源占有量仅为 820 m^3，农业用水量占总用水量的 66%，农业灌溉用水主要是水稻生产用水，每年约占农业灌溉用水量的 80% 以上。开展水稻综合节水灌溉技术研究与推广对稳定和发展辽宁水稻生产，缓解水资源供需矛盾具有深远而重要的意义。

辽宁省自"七五"以来开展了近 30 余年水稻节水高产灌溉技术试验研究，取得了一系列的科研成果。水稻综合节水组装技术开发研究与推广就是综合了这些成果，自 20 世纪 90 年代中期以来，在盘锦大洼县、沈阳市和铁岭市进行了大面积推广，并辐射全省，示范推广面积超过 20 万 hm^2，年节水量可达 1 亿 m^3，大大缓解了辽宁农业用水紧张的形势，取得了显著的经济效益、社会效益和生态效益。辽宁水田综合节水组装技术主要包括田间工程节水模式、育苗节水技术、移栽水稻高产节水灌溉技术和水稻灌溉用水管理等五个方面。

一、田间工程节水模式

田间工程包括由灌排渠系组成的标准化沟网条田、道路、林网等，它是农业生产的一项基础设施建设。田间工程的核心是标准化沟网条田建设，沟、网布局是否合理、完善与否、标准的高低，不仅影响灌溉排水质量、水的有效利用率，而且直接影响作物产量，它是一个地区生产水平的集中表现。盘锦大洼县地处辽、浑、太三大河流最下游，是一个面积为 1 526 km^2 的海滨冲积平原。83 万余亩耕地全都是低洼易涝滨海盐碱地，淡水资源短缺，农田排灌工程任务十分繁重。20 世纪 50 年代开始开发水稻，由于该地初期涝洼塘、盐碱包较多，田间工程建设末级渠系控制的田间灌排水沟，多为横向三面排水，且标准不一，整体衔接程度较差，工程设计低，排水、排盐效果不良，致使产量低下，20 世纪 80 年代初几经改造仍达不到标准。90 年代中期对灌区按水、田、路、林综合治理原则集中连片治理。按水、田、路、林综合治理原则，建成了 66 个标准化万亩丰产方田，田间工程标准模式如图 9-6 所示。条田工程规模具体是：斗渠长 1 500 m，间距 1 000 m，农渠长 500 m，间距 60 m，条田净宽 25 m，双排双灌，干、支、斗、农排灌渠系完整，形成了沟沟相通，渠渠相连，旱能灌，涝能排，灌排自如，交通方便，标准化的沟网条田。由此，农业生产条件和生态环境得到了根本的改善，逐步实现了

"三成、六化、单七百"（三成：沟成、路成、条田成；六化：沟网条田标准化、田间林网化、农业机械化、种植模式化、埝埂大豆化、水面浮萍化；双七百：粮食亩产 700 kg）的目标和水稻生产的良性循环。灌溉定额平均降到 1 000 m³/亩（毛定额）以下，全县粮食逐年稳定增产。

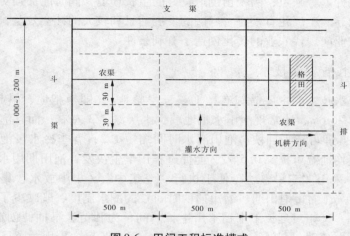

图 9-6　田间工程标准模式

　　大洼县稻田田间工程标准化建设，不仅为滨海稻作区水稻生产树立了样板，而且对非盐碱地区水稻生产亦具有很大的参考价值。非盐碱地区，由于没有排盐任务，条田净宽可以适当放宽到 30~40 m，以减少灌排沟渠占地。

　　沈阳市大中型灌区共 17 个，综合改造后基本形成标准化模式，如八一灌区已达到灌排自如，路林排灌规范化、标准化。铁岭市水田集中在辽河、清河、柴河等河岸。经过多年综合治理，建成标准化条田 6.67 万 hm²，其标准有两个：一是双排双灌模式，二是灌排结合模式，即农渠长 300~500 m，间距 30~60 m，斗渠要因地制宜规划。建成后条田形成干、支、斗、农灌排系统，做到沟沟相通，渠渠相连，排灌自如，交通方便的沟网条田。

二、育苗节水技术

　　育苗期实施旱育苗也是提高节水效率的有效措施，在盘锦和铁岭示范区中主要采用软盘旱育苗和营养钵旱育苗两种方法。①软盘旱育苗将软盘整齐摆放在做好的床面上，装入经过酸化处理的营养土，厚度约 3 cm（每床为 350~400 kg）通床铺平，床四周用土培好，以利保水。然后浇足底水，待床面无水后将种子按要求均匀播撒到软盘中。播后立即覆盖 0.5~1.0 cm 的客土将种子覆盖，再将客土喷湿后插架覆盖地膜。当发芽放绿后隔天喷水，揭膜后每天浇一次足水。②营养钵旱育苗床面比地面高 20~30 cm，面宽 1.8 m，长 10 m 以上的小畦，将土壤松翻、打碎、耧平、压实后浇水。播种时按 10 盘为一个计算单元，把营养土和种子拌匀播到钵孔中，确保孔中 3~5 粒种子为宜，随后浇水并盖客土，铺膜。待发芽返青时要保持足够的温度和湿度，前期每 3~4 d 喷浇一次，中期每隔 2~3 d 浇一次，后期每天浇一次。此外，水稻工厂化育苗技术也有一定的面积推广。水稻工厂化育苗技术是利用温室进行的，改传统的一家一户分散的大地育苗为集中立体式育苗，广大农户无须自己育苗和秧田管理，剩余的人员可从事其他各业。采用工厂化育秧可节约秧田用地，避免秧苗移栽晚，影响产量。采用工厂化育秧有利于农业新技术以及育秧技术的推广。工厂化育秧是在日光温室大棚内进行的，克服大田育苗水、土条件差等缺点，为秧苗创造良好的生长环境，同时能加强对水稻品种的管理和生产技术指导。工厂化育秧有着广阔的发展前景和较大的社会效益，实现工厂化育苗为促进传统农业向现代农业的转化创造了有利条件。

三、移栽水稻节水技术

移栽水稻节水技术的主要措施有：①"三旱整地"，即旱耙地、旱起埂、旱平整。泡田水层只需 5~6 cm，比常规泡田水耙地减少水层深 2/3 左右；而且泡田速度快，历时短，只浸泡 3 d 即可拖平插秧。泡田灌水时间缩短 1/2；春季冷水浸泡时间短，地温上升速度快。平均地温可提高 0.5 ℃，能促进稻田早生快发，泡田期用水量比常规地节省 20%~30%。采用"三旱整地"便于执行"三集中"（集中放水、集中泡田、集中插秧）、"二缩短"（缩短泡田期、缩短插秧时间）的配水制度，既减少了泡插期的水面蒸发和渗漏损失，又相对延长了水稻本田生长时间，为壮苗、早抽穗创造了良好条件，同时也为丰产打下基础。在辽宁大洼县王家农场的 2 668 hm² 稻田示范区，用常规泡田最快 20 d 完成，采用"三旱整地"抛秧技术只用 10 d 就全部结束，平均节水 1 200~1 500 m³/hm²。目前，辽宁全省"三旱整地"面积接近 10 500 万 hm²，是稻田综合节水灌溉采取的重要措施之一。②抛秧节水栽培。一手托住苗盘，一手抓起盘中带土稻苗，将稻苗均匀抛向空中，散落到田中，尚有个别密集处需人工疏散。如遇风天选择点抛，由于抛秧是常规用水的 1/10，节水效果是非常明显的。一般水深 1~2 cm 为最佳，整个生育期可保持干干湿湿灌溉，节水可达 1 500 m³/hm² 左右。

四、水稻生育期节水灌溉技术

（一）浅湿间歇控制灌溉

浅湿间歇控制灌溉是浅水灌溉与湿润反复交替，适时落干，灵活调节的间歇水稻栽培灌水模式。该模式依据土壤质地、地下水位高低、当地气候条件和作物生育期不同阶段，又分为强度间歇灌溉与轻度间歇灌溉等基本模式，沈阳、铁岭、盘锦等地浅湿灌溉水稻各生育阶段灌溉水层控制如表9-14所示。具体实施要点详见第七章第三节。

实施浅湿灌溉技术，盘锦大洼示范区全生育期毛灌溉定额为 1 005~1 040 m³/亩，净灌溉定额为 633~676 m³/亩，较一般稻田节水 150~200 m³。铁岭示范区全生育期毛灌溉定额为 980~1 000 m³/亩，净灌溉定额为 650~700 m³/亩，较一般稻田节水 100 m³/亩以上。沈阳市全面推广浅湿灌溉，其灌溉定额由浅水灌溉的 1 177 m³/亩下降至 682 m³/亩，节水幅度显著。

（二）盐碱地稻田的灌溉技术

对种稻多年的老盐碱地稻作区，由于常年淡水压盐、冲洗排盐，耕层已形成一定深度（大约1 m）的淡化层，其水稻灌溉可按非盐碱地稻田节水灌溉技术进行田间水分管理。

表9-14　浅湿灌溉水稻各生育阶段灌溉水层控制

土壤肥力等级	水分表征	水分指标	返青期	有效分蘖期	无效分蘖期	孕穗期	抽穗开花期	乳熟期	黄熟期
上　中	浅湿干交替	水层（mm）	30~50	(30~50)~0	0	40~60	40~60	(30~50)~0	0
		土壤水分（%）	100	70~80	70	100	100	70~80	<80
中　下	浅湿交替	水层（mm）	30~50	(30~50)~0	0	40~60	40~60	(30~50)~0	0
		土壤水分（%）	100	90~100	80~90	100	100	80~90	<80

对种稻年限较短或新开的重盐碱区的稻田则应根据耕层土壤和田间水层水质盐分状况进行合理排灌，以调节水盐浓度，促进水稻正常生长。全生育期均应保持浅水层：移栽—返青期保持3~5cm水层；分蘖期保持4~6cm水层；其他阶段视情况保持3~5cm水层。在淹灌条件下，由于土壤中盐分的溶解和扩散作用，格田内的盐分浓度逐日升高，因此要根据格田内水的盐分浓度变化，适时晾田换水洗盐。稻田排换水，最好通过田间水质化验来确定，特别是水源不是利用回归水灌溉的地方尤为重要，避免盲目排水，或换水过勤，造成水的浪费。通常换水在傍晚前排出格田水，次日上午灌水，阴雨天是换水的好时机，格田水排空接雨，无雨转晴再灌，起到晾田作用。排水要彻底，不留陈水，杜绝串灌串排，格田都应独立门户，灌排分开。

五、水稻灌溉用水管理

科学的用水管理是推行节水灌溉技术的重要条件，只有加强和改善灌溉用水管理工作，不断提高管理水平，才能加速节水灌溉技术的推广，提高灌溉水的有效率和利用效率。

辽宁在这方面的经验和教训表明，加强灌区用水管理必须做到以下几个方面：一是通过计划用水和加强工程管理，明确管理任务和目标。二是健全灌区各级专管机构，灌溉继续实行市、县（市）、乡三级管理体系并强化三级专管机构。灌区管理机构要努力办成经济实体，实行承包责任制，明确承包者的责权利，充分调动广大管理人员的积极性，提高现代化管理水平，并建立健全群管组织，抓好基层水利服务体系。三是建立健全各项规章制度，制定合理的用水管理制度、财务制度和技术培训制度以及合理征收水费，各地在制定合理的用水管理制度时，特别要制定合理的征收水费标准和水费政策，要实行按灌溉成本核算，水费要按量计算，超量增收，浪费罚款，利用经济杠杆促进节约用水。

参 考 文 献

[1] 朱庭芸. 水稻浅湿灌溉技术［M］. 北京：水利电力出版社，1987.

[2] 朱庭芸. 水稻灌溉的理论与技术［M］. 北京：中国水利水电出版社，1998.

[3] 赵正宜，迟道才. 水分胁迫对水稻生长发育影响的研究［J］. 沈阳农业大学学报，2000，31（2）：214-217.

[4] 王殿武，迟道才，张玉龙. 北方农业节水理论技术研究［M］. 北京：中国水利水电出版社，2009.

[5] 王友贞，许浒. 水稻浅湿间歇灌溉适宜间歇天数的试验研究［J］. 灌溉排水，2002，21（4）：60-62.

[6] 朱传国，龚传银. "浅湿间歇"节水灌溉技术的应用与推广［J］. 安徽水利水电职业技术学院学报，2005，5（4）：45-47.

[7] 张旭东，迟道才，蔡亮，等. 辽宁中部地区水稻节水灌溉控水指标试验研究［J］. 节水灌溉，2011，4：15-20.

[8] 茆智. 水稻节水灌溉［J］. 中国农村水利水电，1997（4）：45-47.

[9] 茆智. 水稻节水灌溉及其对环境的影响［J］. 中国工程科学，2002，4（7）：8-16.

[10] 茆智，张明炷，李远华. 水稻水分生长函数及稻田非充分灌溉原理研究［R］. 武汉：武汉水利电力大学，1995.

[11] 彭世彰，愈双恩，张汉松，等. 水稻节水灌溉技术［M］. 北京：中国水利水电出版社，1998.

[12] 李远华，罗金耀. 节水灌溉理论与技术［M］. 武汉：武汉大学出版社，2003.

[13] 黄璜. 稻田抗洪抗旱的功能：Ⅱ. 深灌对早稻光合作用的影响［J］. 湖南农业大学学报，1998，24（6）：423-427.

[14] 黄璜. 稻田抗洪抗旱的功能：Ⅰ. 深灌对早稻光合作用的影响［J］. 湖南农业大学学报，1998，24（6）：267-270.

[15] 郭相平，袁静，郭枫，等. 水稻蓄水——控灌技术初探［J］. 农业工程学报，2009，25（4）：70-73.

[16] 李桂元. 中国南方水稻节水灌溉制度及其节水效果研究［C］//节水型社会建设的理论与实践. 北京：中国水利水电出版社，2005.

[17] 陈德军，方小宇，张和喜. 蓄雨技术在贵州山区水稻节水灌溉中的应用［J］. 节水灌溉，2008（5）：54-56.

[18] 武立权，黄义德，张四海，等. 淠史杭灌区水稻"浅湿灌溉"与"浅灌深蓄"技术的节水效应研究［J］. 安徽农业大学学报，2006，33（4）：537-541.

[19] 黄俊友. 水稻节水灌溉与雨水利用［J］. 中国农村水利水电，2005（7）：11-12.

[20] 黄文江，黄义德，王纪华，等. 水稻旱作对其生长量和经济产量的影响［J］. 干旱地区农业研究，2003，21（4）：15-19.

[21] 黄义德，武立权，黄雅丽. 安徽省江淮丘陵工区单季中稻旱灾原因浅析及对策［J］. 安徽农业科学，2005，33（12）：2223-2224.

［22］李开江，石鹤付，史分健，等．分蘖期淹水对水稻生长发育和产量的影响［J］．安徽农学通报，2007，13（20）：64-65.

［23］张玉屏，李金才，黄义德，等．水分胁迫对水稻根系生长和部分生理特性的影响［J］．安徽农业科学，2001，29（1）：58-59.

［24］李玉昌，李阳生，李绍清．淹涝胁迫对水稻生长发育危害与耐淹性机理研究的进展［J］．中国水稻科学，1998，12（增刊）：70-76.

［25］郭相平，袁静，郭枫，等．旱涝快速转换对分蘖后期水稻生理特性的影响［J］．河海大学学报，2008，36（4）：516-519.